高性能Java架构

架构

核心原理与案例实战

张方兴 / 编著

電子工業出版社.
Publishing House of Electronics Industry
北京·BEIJING

内 容 简 介

本书是按照程序设计与架构的顺序编写的，共13章。第1章介绍学习高性能Java应了解的核心知识，为前置内容。第2章和第3章讲解在编写代码之前，如何高效地为MySQL填充亿级数据，并对MySQL进行基准测试，以便在之后编程时有所比较。第4章讲解在编写代码的过程中如何优化代码，使代码更高效。第5章和第6章讲解在写好代码之后如何测试并优化场景响应速度。第7章和第8章讲解在程序上线执行一段时间之后如何对MySQL进行主从复制、分库分表。第9章讲解如何通过Prometheus和Grafana监控MySQL节点。第10章和第11章讲解如何通过堆内缓存、堆外缓存（MapDB）和磁盘缓存解决MySQL数据库性能不佳的问题。第12章讲解如何使用分布式锁Redisson解决实际应用中常见的数据一致性问题。第13章简要介绍Java中的常见架构与工具。

本书不仅适合Java初学者、刚入行的编程人员，也适合对高性能、高并发感兴趣的程序员。

图书在版编目（CIP）数据

高性能 Java 架构：核心原理与案例实战 / 张方兴编著. —北京：电子工业出版社，2021.9
ISBN 978-7-121-37622-1

Ⅰ. ①高… Ⅱ. ①张… Ⅲ. ①JAVA 语言－程序设计 Ⅳ. ①TP312

中国版本图书馆 CIP 数据核字(2021)第 150560 号

责任编辑：安　娜
印　　刷：三河市鑫金马印装有限公司
装　　订：三河市鑫金马印装有限公司
出版发行：电子工业出版社
　　　　　北京市海淀区万寿路 173 信箱　　　邮编：100036
开　　本：787×980　1/16　　印张：16　　　字数：372 千字
版　　次：2021 年 9 月第 1 版
印　　次：2021 年 9 月第 1 次印刷
印　　数：2500 册　定价：89.00 元

凡所购买电子工业出版社图书有缺损问题，请向购买书店调换。若书店售缺，请与本社发行部联系，联系及邮购电话：(010) 88254888，88258888。

质量投诉请发邮件至 zlts@phei.com.cn，盗版侵权举报请发邮件至 dbqq@phei.com.cn。

本书咨询联系方式：010-51260888-819，faq@phei.com.cn。

前言

为什么写这本书

市面上讲 Java 框架的书很多，包括 Sping Boot、Spring Cloud、Kafka 等，但这些书通常只会让你技术的"量"增长，而"质"仍处于 SSM 的阶段。而且互联网上并没有体系化、结构化的提升技术的"质"的教材，于是我行动了起来，将我所学的架构思想与实现方式都放入本书中，将提升技术的"质"的方式分享给大家。

本书特色

本书先系统总结出在程序设计过程中各个阶段会出现的问题，然后通过对问题的分析找出解决方案，最后通过实战巩固学习成果。

通过阅读本书，读者不仅可以从架构的角度全方位地了解在 Java 编程过程中各阶段会出现的典型问题，从底层了解问题出现的原因，还可以跟着书中的解决方案和相关实战章节实现学习的闭环。除此之外，本书还可以帮助读者养成在编写代码的过程中对代码进行测试的习惯，时刻观察 CPU 与内存，从而更加深入地了解系统，掌控自己编写的代码。本书内容会对普通程序员晋升中间件研发工程师、架构工程师、游戏服务器主程等有所帮助。

本书内容安排

本书是按照程序设计与架构的顺序编写的，具体如下。

1. 在编写代码之前，应先创建表结构，然后填充亿级数据，做基准测试，即在还没开始编写代码的时候了解当前设计的数据格式和表结构的性能基准是怎样的，以便在之后编程时有所比较，并且可以在此时优化设计的数据格式、表结构、MySQL 配置等内容。具体内容见第 2 章和第 3 章。

2．在编写代码的过程中，程序中通常会有许多函数和接口，此时需要对函数和接口进行单元测试，以便了解函数或接口的性能，并与函数基准或数据库基准的数据进行对比，知道差异大概有多少。当差异过大时，需要进行优化。除此之外，当函数的多种写法语义结果相同时，也可对比出哪种性能更好。具体内容见第 4 章。

3．在写好代码之后，需要对场景进行性能测试，例如购买商品场景、登录场景、支付场景等。之前在单元测试时，通常使用一个接口一项测试或一个函数一项测试的方式，但在场景中很可能会调用多个接口，例如，在登录场景中有账号和密码验证接口、用户数据接口、历史数据接口、短信提醒接口、信息推送接口等，此时需要对整体的场景进行测试。每个场景都有多个接口，并且很可能附带接口执行顺序、if-else 判断（true 与 false 须执行不同函数）、for/while 循环（若调用失败则重新进行调用）等内容，此时 JMH 已无法满足场景类性能测试的需要，需要通过 JMeter 对场景进行性能测试。具体内容见第 5 章。

4．在场景性能测试过程中，许多场景下的响应速度可能不如人意，此时既可以通过增加缓存提升 MySQL 执行效率的方式，也可以通过优化 SQL 的方式，对场景性能测试的函数与接口进行优化，以缩短响应时间。具体内容见第 6 章。

5．在程序上线并执行一段时间之后，随着用户量的逐渐增多，单台 MySQL 服务器开始无法承受所有的压力，为了承载更大的数据库并发，防止单台 MySQL 服务器出现宕机且无法正常提供服务等问题，导致整体应用程序崩溃，需要使用 MySQL 集群。具体内容见第 7 章。

6．随着数据库存储的内容越来越多，通过 MySQL 主从复制也无法存储更多的数据，此时就需要切割表，把一张过大的表切割后分别存储在不同的 MySQL 数据库中，这样就可以存储更多的内容。承载更多的用户。具体内容见第 8 章。

7．在对 MySQL 进行主从复制、分库分表等之后，MySQL 的节点数变得越来越多，此时可以使用性能监控的方式查看 MySQL 的实际使用情况。当 MySQL 节点发生宕机、无法响应、CPU 内存过载、连接数突然过多等问题时，性能监控可及时将消息推送给相关管理人员，即可省时省力、掌控全局。具体内容见第 9 章。

8．当数据库臃肿、性能不佳时，需要通过多层缓存的方式，在不同层级上设置缓存，减少数据库的连接次数与查询次数。具体内容见第 10 章和第 11 章。

9．通常来说，秒杀系统在活动期间都需要极高的性能，为了防止超买或超卖，此时需要使用分布式锁解决数据的一致性问题。具体内容见第 12 章。

10．针对不同的场景需要用不同的架构，如高并发架构、负载均衡架构等。具体内容见第 13 章。

本书读者对象

本书不仅适合 Java 初学者、刚入行的编程人员，也适合对高性能、高并发感兴趣的程序员。

致谢

感谢我的领导杨仪，你给了我许多计算机思想和思路上的指导。

张方兴

目录

## 第 1 章

高性能 Java 核心知识概述

1.1　高性能

高性能（High Performance）指程序处理速度快，所占内存少，CPU 占用率低。高性能的指标和高并发的指标紧密相关，想要提高性能，就要提高系统发并发能力，两者是相互捆绑在一起的。在做性能优化时，计算密集型和 I/O 密集型是有很大差别的，需要分开考虑。除此之外，还可以通过增加服务器的数量、内存等提升系统的并发能力，但不要浪费资源。

假设在两台拥有相同 CPU 和内存的服务器上部署两个项目，接受同等的并发数量，即分别以同等数量的请求（同等压力）调用两台服务器相同的 HTTP 接口，若第一台服务器所消耗的 CPU、内存等硬件数值更低，则第一台服务器的性能优于第二台服务器。通常更高性能的服务器代表着更高的并发。

高性能与算法和 GC 息息相关，算法越快，GC 消耗越小。另外，对于无用对象应及时删除，每次删除都可以留下更小的遗留占比。

例如，当前场景要取出 User 表的所有用户的数量，若先读取 User 表的全部数据，再通过 List.size(); 获得行数长度，则速度肯定没有直接从 MySQL 中取 count 值快。影响程序性能的原因极多，例如：

- 因为 I/O 阻塞会让 CPU 闲置，导致 CPU 浪费。
- 在多线程间增加锁来保证同步，导致并行系统串行化。
- 创建、销毁、维护太多进程和线程，导致操作系统把资源浪费在调度上。
- 没有异步返回数据进行处理。
- 数据量过大，线程循环次数过多。
- 协议消耗资源过多。
- 未控制的慢请求、慢读取造成的并发不良。

1.2　高并发

一台服务器放在桌面上，它的 CPU 和内存的生产厂家及型号是确定的。但是代码（应用程序）放置在这台服务器中，其性能再优化也不可能超过服务器自身的承载能力。程序员可以靠各种设计手段和实现方式让这台服务器速度更快一些。例如，应用程序的开发自然是进程内的快于进程外的，进程外的快于服务器外的（服务器交互），多节点的集群承载力和可用性高于单节点的，异步多线程的设计优于同步的设计等。

因为应用程序不可能超过服务器自身的承载能力，所以每秒几万、几十万，甚至上亿数值的 TPS 完全没有参考意义（TPS 为系统吞吐量，通常 TPS 数值越大，表示性能越高）。在性能测试过程中，如果不考虑最大返回时间和占比，只考虑 TPS 数值，则几乎没有参考意义。

高并发（High Concurrency）的本质指通过设计保证系统能够同时并行处理大量请求。在高并发性能测试时，需要综合参考以下因素才能得到相对真实的 TPS 数值。

- 最大返回时间和最小返回时间。最大返回时间不要设置得太大，尽可能减少最大返回时间，即程序中要着重设计超时时间，否则一次 7000~8000 秒没有结束的 HTTP 请求会直接拉低整体的 TPS 数值。
- 错误率。错误率相当于错误总数除以样本总数，错误率超过 0.05%即为不合格。错误率可根据项目进行浮动，若错误率高于预期，则需无视此次性能测试结果，并进行优化和再测试。
- 返回时间（分位值）。90 分位值通常为理想的最终值。服务器最后的 10%、5%、1%和 0.1%分位值的响应时间有可能几十万倍大于 50 分位值的响应时间，在性能测试中，通常以 90 分位值作为大量用户的响应结果。
- 服务器的 CPU、I/O、带宽和内存。硬件配置越好，性能越高。
- 服务器地址。例如，当服务器都在阿里云上时，还要看是否在一个大区，地址越远，响应速度越慢。外网慢于内网，内网慢于同一大区。
- 在高压测试时服务器是反应速度缓慢，还是直接崩溃。若服务器崩溃，则无视此次性能测试结果，并进行优化和再测试。高并发项目要有削峰结果，即当并发超高、压力超大时，允许单台服务器返回速度变慢，但尽可能不要崩溃。在集群架构中，某个服务器崩溃之后通常有其他可以运行的服务器接管，并且自动对崩溃的服务器进行重启。

1.3　高可用

高可用（High Availability）通常用来描述一个系统在经过设计后，使停工时间减少，从而保证其服务的高度可用性。简单来说，在两台服务器中的一台崩溃之后，另一台仍然可以提供相应服务，即为高可用。

造成程序宕机的情况有很多，例如，CPU 无法正常处理所有请求、内存溢出、停电导致服务器无法正常运行、正在运行的服务遭到渗透攻击、并发太高、程序不断异常，等等。

目前，很多企业都要求服务器的可用性达到五个 9，即 99.999% 的时间都可以正常提供服务。按一年 365 天，每天 24 小时，每小时 60 分钟计算，可得出一年有 365 × 24 × 60 = 525600 分钟，它的 0.001% 就是 5.256 分钟，即每年最多允许有 5.256 分钟的宕机时间。通常高并发和高性能需要为高可用让步。

1.4　算法、GC 与诊断工具

1.4.1　算法

"算法"（algorithm）一词得名于波斯数学家花拉子密。公元 9 世纪，这位数学家写过一本书，讨论用纸笔解决数学问题的技巧。书名为 al-Jabr wa'l-Muqabala，其中，"al-jabr"就是后来 "algebra"（代数）这个词的前身。不过，最早的数学算法早于花拉子密。在巴格达附近出土的 4000 年前的苏美尔人的泥板文献上，就刻有一幅长除法示意图。

但是，算法不仅限于数学。当按照食谱介绍烤面包时，食谱上的所有步骤就是一个算法。当按照图样编织毛衣时，这份图样就是一个算法。使用鹿角的末端连续精确地敲打，使石器形成锋利的刃的过程（这是制作精密石器的一个关键步骤），也遵循着一个算法。从石器时代开始，算法就已经是人类生活的一部分了。

——《算法之美》[美]布莱恩·克里斯汀；[美]汤姆·格里菲思 著

在 Java 编程中，大部分程序员所接触的算法与数学并不相关，一些数学题在工作上很难体现出意义，但并不是说算法就毫无意义了，相反，算法在 Java 程序优化的过程中有着举足轻重的地位。大多数时候，算法与 GC 和业务逻辑息息相关。例如，优化循环次数、优化业务逻辑、减少内存开销、减少从数据源处提取的数据量、每次 GC 都删除更多的垃圾、把同步线程换为异步线程、把多次线程开销优化为线程池等，以上优化皆属于算法。

在 Java 编程中，算法上的经验大多来自工作中的经验。例如，虽然某个接口增加了缓存，但是返回速度仍然很慢，此时就需要根据 Arthas 之类的诊断工具配合 GC 相关的内容，不断地优化自身的代码。如果无法优化算法，则先优化业务需求，再优化算法。

1.4.2 GC

在 Java 中，各版本所涵盖的 GC（垃圾回收器）都不同，最著名的有三款，分别为 CMS、G1 和 ZGC。

在 JDK 1.3 之前，垃圾回收是单线程回收的，并且会 stop the world（下文简称为 STW）。也就是说，在垃圾回收时，会暂停所有用户线程。由于其运行方式是单线程的，所以适合 Client 模式的应用和单 CPU 环境。串行的 GC 有两种，即 Serial 和 SerialOld，一般会搭配使用。在年轻代使用 Serial 复制算法，在年老代使用 Serial Old 标记整理算法。客户端应用或者命令行程序可以通过 -XX:+UseSerialGC 开启上述回收模式。

G1（Garbage First）先结合 OpenJDK 源码分析重要算法（如 SATB）和重要存储结构（如 CSet、RSet、TLAB、PLAB、Card Table 等），再梳理 G1 GC 的 YoungGC 和 MixedGC 的收集过程。GC 的主要回收区域是年轻代、年老代和持久代。在 JDK8 之后，持久代被替换成元空间（Metaspace）。元空间会在普通的堆区上进行分配。为了提高垃圾回收效率，G1 通常采用分代回收的方式，即对不同的回收区域使用不同的 GC。在系统正常运行时，Full GC 会触发整个堆的扫描和回收（这在年轻代中是比较频繁的）。在 G1 中，最好的优化状态是不断地调整分区空间，避免进行 Full GC，以便大幅提高吞吐量。

CMS（Concurrent Mark Sweep）基于标记—删除算法，主要用于年老代，所以其关注点在于减少因垃圾回收导致的 STW 时间。对于重视服务响应速度的应用可以使用 CMS。CMS 是并发运行的，即垃圾回收线程可以和用户线程同时运行。

ZGC 与 G1 和 CMS 的设计不同，ZGC 是革命性的垃圾回收器。在 JDK9 之后，默认的垃圾回收器是 G1，自 JDK11 之后，ZGC 成为新的垃圾回收器，它取消了年轻代和年老代的设计模式，ZGC 只把 Page 作为内存存储，支持最大 4TB 级堆内存，最长停顿时间为 10ms、吞吐量最大不超过 15%。ZGC 只对内存数据进行标记，而不会单独放置在一个空间中，不会出现 Full GC 的情况。

1.4.3 jvmtop

jvmtop 是一个轻量级的控制台程序，可用来监控机器上运行的所有 Java 虚拟机，它显示了很多 JVM 内部信息，如内存等，使用命令如下所示：

```
jvmtop.sh PID
```

1.4.4　jstat

jstat 可以查看堆内存各部分的使用量，以及加载类的数量，命令格式如下：

jstat [-命令选项] [vmid] [间隔时间/毫秒] [查询次数]

下面通过 jstat 查看年老代信息，即查看 pid 为 123456 的 Java 程序的每秒 GC 信息，如下所示：

```
jstat -gc 123456 1000
ps -ef|grep java|grep -v grep|awk '{print $2}' |xargs -I {} jstat -gc {} 1000
```

在用 jstat 查看年老代信息后，部分显示内容说明如下所示：

- S0C：年轻代中第一个 survivor（幸存者区）的容量（字节）。
- S1C：年轻代中第二个幸存者区的容量（字节）。
- S0U：年轻代中第一个幸存者区目前已使用空间（字节）。
- S1U：年轻代中第二个幸存者区目前已使用空间（字节）。
- EC：年轻代中 Eden（伊甸园）的容量（字节）。
- EU：年轻代中伊甸园目前已使用空间（字节）。
- OC：年老代的容量（字节）。
- OU：年老代目前已使用空间（字节）。
- PC：持久代的容量（字节）。
- PU：持久代目前已使用空间（字节）。
- YGC：从应用程序启动到采样时年轻代中的垃圾回收次数。
- YGCT：从应用程序启动到采样时年轻代的垃圾回收所用时间（s）。
- FGC：从应用程序启动到采样时年老代的（Full GC）垃圾回收次数。
- FGCT：从应用程序启动到采样时年老代的（Full GC）垃圾回收所用时间（s）。
- GCT：从应用程序启动到采样时垃圾回收所用的总时间（s）。
- NGCMN：年轻代的初始化大小（字节）。
- NGCMX：年轻代的最大容量（字节）。
- NGC：年轻代的当前容量（字节）。
- OGCMN：年老代的初始化大小（字节）。
- OGCMX：年老代的最大容量（字节）。
- OGC：年老代当前新生成的容量（字节）。
- PGCMN：持久代的初始化大小（字节）。
- PGCMX：持久代的最大容量（字节）。
- PGC：持久代当前新生成的容量（字节）。

- S0：年轻代中第一个幸存者区已使用的容量占当前容量的百分比。
- S1：年轻代中第二个幸存者区已使用的容量占当前容量的百分比。
- E：年轻代中伊甸园已使用的容量占当前容量的百分比。
- O：年老代中已使用的容量占当前容量的百分比。
- P：持久代中已使用的容量占当前容量的百分比。
- S0CMX：年轻代中第一个幸存者区的最大容量（字节）。
- S1CMX：年轻代中第二个幸存者区的最大容量（字节）。
- ECMX：年轻代中伊甸园的最大容量（字节）。
- DSS：当前需要幸存者区的容量（字节）（伊甸园已满）。
- TT：持有次数限制。
- MTT：最大持有次数限制。

1.4.5　Arthas

Arthas 是阿里巴巴开源的 Java 诊断工具，它集成了 jvmtop 与 jstat 等绝大部分 Java 诊断工具，并进行了创新。当遇到以下类似问题而束手无策时，Arthas 可以快速解决。

- 这个类是从哪个 jar 包加载的？为什么会报各种类相关的异常？
- 我改的代码为什么没有执行到？是没有提交，还是分支搞错了？
- 遇到问题无法在线上 debug，难道只能通过加日志再重新发布吗？
- 线上遇到某个用户的数据处理有问题，但线上无法 debug，而线下无法重现？
- 是否可以通过全局视角查看系统的运行状况？
- 是否可以监控 JVM 的实时运行状态？
- 如何快速定位应用的热点，生成火焰图？

Arthas 支持 JDK 6 以上版本，支持 Linux、Mac 和 Windows 操作系统。它采用命令行交互模式，同时提供了丰富的 Tab 自动补全功能，可以方便地对问题进行定位和诊断。

Arthas 包含大量命令，此处仅介绍部分与性能有关的命令。例如，通过 sysprop 命令可以查看当前 Java 程序中的所有 System Properties 信息，结果如图 1-1 所示。

通过 thread 命令可以查看当前 Java 程序中的所有线程信息，结果如图 1-2 所示。

通过 trace 命令可以查看方法的调用耗时，结果如图 1-3 所示。

```
[arthas@37]$ sysprop
KEY                             VALUE
-------------------------------------------------------------------------
java.runtime.name               Java(TM) SE Runtime Environment
java.protocol.handler.pkgs      org.springframework.boot.loader
sun.boot.library.path           /usr/lib/jvm/java-8-oracle/jre/lib/amd64
java.vm.version                 25.201-b09
java.vm.vendor                  Oracle Corporation
java.vendor.url                 http://java.oracle.com/
path.separator                  :
java.vm.name                    Java HotSpot(TM) 64-Bit Server VM
file.encoding.pkg               sun.io
user.country                    US
```

图 1-1

```
[arthas@37]$ thread
Threads Total: 29, NEW: 0, RUNNABLE: 11, BLOCKED: 0, WAITING: 14, TIMED_WAITING: 4, TERMINATED: 0
ID   NAME                                  GROUP      PRIORITY  STATE       %CPU  TIME   INTERRUPTE  DAEMON
41   as-command-execute-daemon             system     10        RUNNABLE    84    0:0    false       true
26   http-nio-80-ClientPoller-0            main       5         RUNNABLE    15    0:0    false       true
32   Attach Listener                       system     9         RUNNABLE    0     0:0    false       true
13   ContainerBackgroundProcessor[Stan     main       5         TIMED_WAIT  0     0:0    false       true
31   DestroyJavaVM                         main       5         RUNNABLE    0     0:4    false       false
3    Finalizer                             system     8         WAITING     0     0:0    false       true
15   NioBlockingSelector.BlockPoller-1     main       5         RUNNABLE    0     0:0    false       true
2    Reference Handler                     system     10        WAITING     0     0:0    false       true
4    Signal Dispatcher                     system     9         RUNNABLE    0     0:0    false       true
37   arthas-shell-server                   system     9         TIMED_WAIT  0     0:0    false       true
34   arthas-timer                          system     9         WAITING     0     0:0    false       true
14   container-0                           main       5         TIMED_WAIT  0     0:0    false       false
28   http-nio-80-Acceptor-0                main       5         RUNNABLE    0     0:0    false       true
29   http-nio-80-AsyncTimeout              main       5         TIMED_WAIT  0     0:0    false       true
27   http-nio-80-ClientPoller-1            main       5         RUNNABLE    0     0:0    false       true
```

图 1-2

```
---ts=2020-12-07 16:08:09;thread_name=redisson-3-10;id=22e;is_daemon=f
 `---[19882.075527ms] com.jim.server.service.SpecialChannelService:u
     +---[0.012469ms] org.redisson.api.map.event.EntryEvent:getValue
     +---[34.511306ms] com.alibaba.fastjson.JSONObject:parseObject()
     +---[0.015177ms] com.google.common.collect.ArrayListMultimap:cr
     +---[0.0058ms] com.alibaba.fastjson.JSONObject:keySet() #186
     +---[min=0.001391ms,max=0.01991ms,total=7.647076ms,count=4000]
     +---[min=0.001477ms,max=0.042092ms,total=7.677029ms,count=4000]
     +---[min=0.001303ms,max=0.021882ms,total=6.725618ms,count=4000]
     +---[min=0.001057ms,max=0.020184ms,total=5.714321ms,count=4000]
     +---[min=0.001545ms,max=0.027488ms,total=8.623601ms,count=4000]
```

图 1-3

通过 monitor 命令可以监控方法的执行进度及耗时，结果如图 1-4 所示。

```
timestamp             class                                   method             total    success    fail    avg-rt(ms)
------------------------------------------------------------------------------------------------------------------------
2020-12-07 16:06:24   com.jim.server.service.SpecialChanne    unpackAndCreate    2        2          0       13517.53
                      lService

timestamp             class                                   method             total    success    fail    avg-rt(ms)
------------------------------------------------------------------------------------------------------------------------
2020-12-07 16:06:29   com.jim.server.service.SpecialChanne    unpackAndCreate    1        1          0       12578.97
                      lService
```

图 1-4

除此之外，Arthas 还可以查询最近 5 秒 CPU 使用率最高的线程、获取函数调用栈、反编译并直接在 jar 包处修改正在执行的代码、跟踪所有的 Filter 函数、动态修改当前运行程序的 Logger 日志等级、获取当前运行程序的 static 变量数值等，是 Java 调优中一个功能强大的工具包。

1.5 分离术

1. 动静分离

"动静"指动态资源和静态资源。动态资源通常指从 MySQL 之类的数据源中取出的数据，静态资源通常指各种.git、.jpg、.html 等资源。

动静分离指在 Web 服务器架构中，将动态资源与静态资源（或者将动态内容接口和静态内容接口）分成不同系统访问的架构设计方法，进而提升整个服务访问性能和可维护性。

2. 前后端分离

前后端分离的核心思想是前端 HTML 页面通过 AJAX 调用后端的 RESTful API 接口，并使用 JSON 数据进行交互。

3. 主从分离与读写分离

主从分离通常指数据库的主从分离，有些用 Java 编写的程序因业务需要也需要做成主从分离的结构。

读写分离的基本原理就是让主数据库（写库）处理事务性操作（如增、改、删等），让从数据库（读库）处理查询操作。数据库复制可以把事务性操作导致的写库变更同步到读库。以 SQL 为例，写库负责写数据、读数据，读库仅负责读数据。每次写库的写数据操作都需要同步更新到读库。写库只有一个，读库可以有多个，它们之间采用日志同步的方式实现写库和多个读库的数据同步。

在代码中可以通过 Spring 的 AOP 达到读写分离的架构要求。

1.6 基准测试

1.6.1 基准测试的概念

在安装、部署 MySQL 之后，应先进行基准测试，在应用程序开发之后，再对应用程序整合 MySQL

部分进行性能测试。基准测试指通过科学的测试方法、测试工具和测试系统，对一类测试对象的某项性能指标进行定量的和可对比的测试。

1.6.2　基准测试的实际用途

（1）通常基准测试的值为服务器性能指标的最大值，在实际编程后，服务器性能指标会大概率低于该值，但在后续的性能测试中通常以该值作为参考指标，以便了解当前应用程序对性能的影响。

（2）识别系统或环境的配置变更对性能带来的影响。

（3）识别不同硬件或不同硬件集成的配置变更对性能带来的影响。

（4）为系统优化前后的性能提升或下降提供参考指标。

（5）观察系统的整体性能趋势与拐点，及早识别系统性能风险。

1.6.3　基准测试与一般性能测试的区别

（1）实际用途不同。性能基准测试大多为服务器裸机的参考指标，而一般性能测试指在服务器上部署应用程序之后的综合测试。

（2）测试逻辑不同。通常性能基准测试只使用单一方式增加压力，测试服务器 I/O、带宽、线程、响应时间等基本指标。而性能测试可以通过不同协议进行场景化逻辑测试，即先调用某 HTTP 接口之后得到相应参数，再根据该参数调用下一个 HTTP 接口，这两个 HTTP 接口可能需要调用缓存中的数据，从而得到每个接口和总体场景的响应时间、错误率、TPS 值等参数。

1.7　性能测试

1.7.1　性能测试的目的

性能测试的目的是验证软件系统是否能够实现用户提出的性能指标，同时发现软件系统中存在的性能瓶颈，进而优化软件。性能测试的目的有评估系统极限并发的能力、判断系统是否有内存溢出与高可用失效等相关现象，以及在长时间高压下性能测试服务器因"疲劳"所产生的其他现象。

1.7.2　性能测试着重观察的指标

Web 性能测试需着重观察的聚合报告结果参数如表 1-1 所示。

表 1-1

聚合报告结果参数	释　　义
Samples	样本数总量
Average	平均返回时间
Median	中位数返回时间
90%Line	90 百分位返回时间
99%Line	99 百分位返回时间
Min	最小返回时间
Max	最大返回时间
Error%	错误率（错误率=错误总数/样本数总量）
Throughput（Throughput/sec，TPS）	系统吞吐量（又称事务吞吐量，TPS=每秒执行次数/样本数总量）
KB/sec	每秒流量

1.7.3　性能测试存在的误区

在性能测试开始之前，应当着重考虑服务器的硬件配置。各厂商通常表述自己的数据库可以达到多少 TPS，但很少说明自己服务器的硬件配置是怎样的。实际上，计算机的硬件配置会极大地影响 TPS 结果，因此厂商推荐的数据库和程序服务只能作为参考。在进入生产环境之前，应当通过 JMeter 或基准测试对数据库进行相应的测试。

除硬件配置外，在性能测试准备期间还应着重注意当前带宽是否能够满足性能测试的需要，以免性能测试只返回带宽上限的请求数目，而无法测试出应用程序的极限。在带宽不足的情况下，测试结果是无效的，需视为因带宽不足而导致的结果不正确。

如果部分性能测试结果的错误率过高，则此次性能测试结果应当作废，需视为因错误率过高而导致的结果不正确。因为一旦出现异常与错误，则接口响应时间将是一个无法确定的值，即有些延时太高的线程无法返回，导致整体承载量下降。通常当遇到错误率过高的程序时，应当先进行优化，再重新进行性能测试。

性能测试的平均返回时间应仅作为参考，在生产环境中，95 百分位表示大多数正常用户的响应时间，99 百分位可视为部分较卡用户的响应时间。不要以平均值作为普通用户的响应时间。

性能测试的最大返回时间通常被视作服务器的 TimeOut 时间，若该时间过长，则需要对程序进行优化，在限制 TimeOut 时间后再进行测试，否则性能测试结果的参考性不高。线程在没有被服务器返回的情况下，十分消耗服务器的 CPU 与内存。与此同时，若中位数或 90 百分位的用户响应时间过长，则应当对应用程序进行优化。例如，对于 HTTP 接口来说，5 秒以上即算过长的响应时间。

若是高并发应用程序，则响应时间应当更少。

如果性能测试的最小时间为毫秒级，那么该数据通常是作为缓存存在的。如果性能测试的平均时间接近最小值，则该测试结果需要作废，因为这很可能是服务器直接对数据进行了返回，并没有真正地进入代码与业务逻辑。此处需要根据系统的特性进行斟酌。

在性能测试中，通常有压力机与被测试机两种类型的机器。由于性能测试工具与脚本同样消耗性能，因此在实际工作中，可能出现多台压力机同时压测一台被测试机的情况，此时需要注意压力机自身的 CPU 与内存不要处于"爆表"的状态，否则该测试结果应当作废，需视为因压力机无法正常运行而导致的结果不正确。

1.7.4　性能测试应涵盖的内容

下面以登录场景为例，通常性能测试应至少包含以下测试报告：

- 在模拟生产环境的同时，95 百分位的用户的登录响应时间是否小于 N 秒，N 为服务方提供的值。例如，单次登录时间超过 N 秒则将视为系统高并发能力不足，需查看服务器配置及代码，以免由于登录时间过长而影响用户体验。诸如此类验证响应时间的接口，都需要按照百分位的方式进行判断，即绝大部分用户的体验是否正常。另外，对响应时间需要有一个预期，即某系统达到什么样的响应时间则视为合格。因为系统的复杂度和使用场景不同，所以预期也不同。一般来说，单个用户的登录时间不应超过 2 秒；打开 App 时，App 初始化时间不应超过 3 秒；页面跳转时间不应超过 1 秒；跳转下一页的时间不应超过 0.5 秒；在搜索相关数据时，结果返回时间不应超过 0.5 秒。
- 在高并发场景下，用户登录是否请求了过多的接口。例如，在登录之后，需要请求 N 个接口才能展示整体页面，如果是在高并发情况下，则用户体验将会很差。如果在用户登录时或用户登录后需要请求过多的接口，则需要进行优化。例如，对于一个页面可以分别读取数据并部分展示，而不是在全部数据读取完之后才打开页面；在渲染页面时是否有额外的资源消耗；在返回数据时是否有无用字段，是否可对接口进行精简、缓存等。
- 用户登录时是否包含监控的功能，并且在高并发场景下监控仍然能够正常响应，包括用户行为监控、性能监控和服务端硬件监控等。
- 在性能测试时需要进行高并发下的慢连接、慢读取、慢请求等安全测试，以保证在任何情况下都不会因客户端的性能问题而影响服务器的性能。例如，某用户使用 App 通过 WebSocket 协议连接 Java 服务器，在 Java 服务器主动推送数据后，由于 App 网络较差无法正常收到数据，而使 Java 服务器内存溢出导致崩溃。此时需要使用 JMeter+Fiddler 组合测试，即弱网下的高并发测试。
- 长时间大量用户连续登录和退出是否会引发内存溢出、缓存失效或穿透缓存等问题。

- 连续使用虚假用户进行登录，是否被有效拦截，是否会穿透缓存。

1.8　业务测试

业务测试需关注的点如下：

- 分页处理技术：比如，在单击加载更多之后，接口是返回重复数据，还是返回无效字段？
- 数据显示是否完整：尤其是最后一页数据，是否显示完全。
- 页面上展示排序的方式：是由后台服务器负责排序，还是由前台 JavaScript 负责排序，这里着重查看由哪里分担排序的压力。
- 页面跳转是否正常：尤其是当携带了 session 或 cookie 等信息时，查看页面跳转是否正常。
- 异常出现情况：是否打印了过多无用的堆栈信息。如果是，则需要简化堆栈信息。此时，App 与 Web 应当跳转到适当的页面，这样既不会影响用户体验，也不会让用户看到错误的堆栈信息。
- 程序是否可逆：任何程序都需要进行可逆性的操作，即在增加数据后可以删除数据，在删除数据后可以回滚。
- 日志分割：日志是否有效，以及日志是否按日期及大小进行分割，以便提取日志。
- 日志可读性：日志是否存储了有效信息，以便查找线上问题。
- 程序是否包含灾备处理：当前数据库如果被渗透，是否可以快速使用备份数据恢复生产。
- 程序是否包含高可用处理：当由于被渗透或高并发等导致程序崩溃时，是否仍然可以正常提供服务。
- 断网与弱网处理：当断网或弱网时是否包含超时约定，或者为弱网用户提供拒绝服务的约定。
- 数据处理：在数据量较大的情况下是否增加压缩机制，以保证传输速度及响应速度，减少用户使用流量，减少服务器压力。
- 脱敏机制：对用户密码和手机号码等是否增加了脱敏机制，以防止用户信息被渗透。
- 数据的及时性：在 Web 控制台处修改数据时，App 是否能够及时有效地更新数据。

1.9　单元测试

单元测试需关注的点如下：

- 单元测试是持续集成的，即在某次改动之后，之前的单元测试仍然可以使用，本次改动的代码同样需要放置在单元测试中。
- 单元测试不应依赖其他单元测试所返回的数据，单元与单元之间应相对独立。

- 单元测试不应过度依赖外部不确定的资源，例如数据库、外部接口等，最好能够随时运行单元测试，随时知道结果。部分外置接口和资源存在不确定性，可能导致自动化测试断言出现异常，需要费心调整。
- 单元测试的结果应当是真实的，并且有意义，不要为了通过测试而做单元测试。
- 单元测试应在代码覆盖率高的基础上，通过持续集成、自动化测试等，更加方便地了解项目，以及了解新增加的代码对当前项目的影响。
- 在实际工作中单元测试代码通常由开发人员编写，测试人员与开发人员都会对其进行使用，不要把这部分的测试任务完全交由测试人员。基础的单元测试、性能测试与渗透测试应当由开发人员自身先审查。
- 单元测试的代码重要程度与源码相同，不要因为单元测试放在了不同的文件里而去随意命名，这会导致许多测试在不加管理之后变得完全看不懂。

下面介绍单元测试用例的设计方法。

1.9.1　等价类划分

等价类划分指的是一种典型的、重要的黑盒测试方法，它可以解决如何选择适当的数据子集来代表整个数据集的问题。它通过降低测试的数目实现"合理的"覆盖，以此发现更多的软件缺陷，在统计好数据后，再对软件进行改进升级。

等价类划分的方法是把程序所有可能的输入数据（有效的和无效的）划分成若干等价类，然后从每部分中选取具有代表性的数据当作测试用例进行合理的分类。测试用例由有效等价类和无效等价类的代表组成，从而保证测试用例的完整性和代表性。

利用这一方法设计的测试用例可以不考虑程序的内部结构。以需求规格说明书为依据，选择适当的典型子集，认真分析和推敲说明书中的各项需求，特别是功能需求，要尽可能多地发现错误。等价类划分是一种需要系统性输入测试条件的方法。

由于等价类划分是在需求规格说明书的基础上划分数据的，不仅可以用来确定测试用例中数据输入、输出的精确取值范围，还可以用来准备中间值、状态和与时间相关的数据及接口参数等，所以在系统测试、集成测试和组件测试中，在有明确的条件和限制的情况下，利用等价类划分可以设计出完备的测试用例。这种方法可以减少设计一些不必要的测试用例，因为这种测试用例一般使用相同的等价类数据，使测试对象能够得到同样的反应和行为。

等价类划分可分为两个主要步骤，即划分等价类型和设计测试用例。有效等价类数据集的示例如下：

- 终端用户输入的命令。

- 与最终用户交互的系统提示。
- 接受的用户文件的名称。
- 提供初始化值和边界等。
- 提供格式化输出数据的命令。
- 图形模式（比如在鼠标单击时）提供的数据。
- 失败时显示的消息。

无效等价类数据集的示例如下：

- 在一个不正确的地方提供值。
- 验证边界值。
- 验证外部边界值。
- 用户输入的命令。
- 最终用户与系统交互的提示。
- 验证与边界和外部边界值的数值数据。

等价类划分的示例如下：

- 按区间划分。
- 按数值划分。
- 按数值集合划分。
- 按限制条件或规划划分。
- 按处理方式划分。

1.9.2　边界值分析

边界值分析就是对输入或输出的边界值进行测试的一种黑盒测试方法。通常来说，边界值分析是对等价类划分的补充，在这种情况下，其测试用例来自等价类的边界。

实际上，大量的错误都发生在输入或输出范围的边界上，而不是发生在输入或输出范围的内部。因此针对各种边界情况设计测试用例，可以查出更多的错误。

与等价类划分的区别如下：

- 边界值分析不是从某等价类中随便挑一个作为代表，而是等价类的每条边界都要作为测试条件。
- 边界值分析不仅要考虑输入条件，还要考虑输出空间产生的测试情况。

边界值分析的示例如下所示：

- int、long 等数值类型的边界。
- string 最大长度或最小长度的边界。
- 数据返回第一行和最后一行的边界。
- 数组元素第一行和最后一行的边界。
- 屏幕像素点最上方、最下方、最左方、最右方的边界。
- 做除法后无限循环的最后一位是否限制。

1.9.3　错误推测法

错误推测法指在测试程序时，可以根据经验或直觉推测程序中可能存在的各种错误，从而有针对性地编写检查这些错误的测试用例的方法。错误推测法的示例如下：

- 姓名处是否可以输入空白字符串或 null 等。
- 手机号、身份证号的正确性验证。
- 性别、年龄处是否可以输入不合法字符。
- 正常程序只能登录一个账号，当前程序是否可以打开多个页面分别登录不同的账号。
- 手机和 Web 在秒杀系统高并发的设计下是否只有一个终端可以进行抢购。
- Web 与 App 是否构建了良好的防抓包、防爬虫处理。

除此之外，单元测试用例的设计方法还有因果图法和正交表分析法。因果图与流程图相似，它以图解的方式表示输入的各种组合关系，从而设计相应的测试用例。正交表分析法指将测试用例的影响因子制作成二维表结构的正交表。

1.10　数据库概述

数据库是"按照数据结构来组织、存储和管理数据的仓库"，是一个长期存储在计算机内的、有组织的、可共享的、统一管理的大量数据的集合。

数据库中的数据以一定格式存储在一起，并且能与多个用户共享，数据之间有尽可能小的冗余度。数据库可被视为电子化的文件柜——存储电子文件的场所，用户可以对文件中的数据进行新增、查询、更新、删除等操作。

数据库与应用程序彼此独立，在制作应用程序时，数据库的性能上限在某种程度上代表了应用程序的性能上限，因此对于数据库来说，基准测试、SQL 与索引的优化、主从复制，以及分表等工作都是重中之重。

- 基准测试可以测试出 MySQL 服务器的指标极限，在应用程序制作完成之后，越接近基准测试，说明程序在代码上的可优化空间越少。
- SQL 与索引的优化将大幅地提高 MySQL 的查询速度。
- 主从复制主要用来解决 MySQL 的单台性能瓶颈问题，通过多台服务器可以平摊写入或读取的压力，让 MySQL 服务器的整体服务性能提升数倍。
- 分表既可以解决 MySQL 大表查询速度过慢的问题（单靠索引无法解决），也可以单独存储历史性数据和冗余性数据，不会因历史性、冗余性的数据影响查询速度。

1.10.1　数据库分类

数据库主要分为关系数据库和非关系数据库两种。关系数据库指采用了关系模型来组织数据的数据库，其以行和列的形式存储数据，以便于用户理解。关系数据库中的行和列被称为表，一组表组成了数据库。用户通过查询来检索数据库中的数据。关系模型可以简单理解为二维表格模型，一个关系数据库就是由二维表格及其之间的关系组成的一个数据组织。目前，最常用的关系数据库有 Oracle、MySQL、DB2 和 SQL Server。

最早的 Oracle 版本是 1979 年夏季发布的。最流行的 Oracle 版本为 Oracle 11g，是 2007 年 11 月发布的。

SQL Server 最初由 Microsoft、Sybase 和 Ashton-Tate 三家公司共同开发，于 1988 年推出第一个 OS/2 版本。

MySQL 是 1996 年发布的，开始只面向一小拨人，相当于内部发布。1996 年 10 月，MySQL 3.11.1 发布（MySQL 没有 2.x 版本），最开始只提供 Solaris 下的二进制版本。一个月后，Linux 版本出现了。在接下来的两年里，MySQL 被依次移植到各个平台。由于 MySQL 是免费的，并且可以在 Linux 系统上运行，所以热度逐渐超过了 Oracle 和 SQL Server。

非关系数据库又称为 NoSQL 数据库，随着互联网 Web 2.0 网站的兴起，传统的关系数据库在处理 Web 2.0 网站，特别是超大规模和高并发的 SNS 类型的 web2.0 纯动态网站时已经显得力不从心，出现了很多难以克服的问题，而非关系的数据库则由于其本身的特点得到了非常迅速的发展。NoSQL 数据库的产生就是为了解决大规模数据集合和多重数据种类带来的挑战，尤其是大数据应用难题。因为非关系数据库的性能远高于关系数据库，所以通常将非关系数据库作为目前应用程序的缓存，让系统的响应速度更快一些，目前非关系数据库最常用的分别是 Redis 和 MongoDB。

- Redis 是 2009 年正式发布的，主要以键值对作为存储结构对数据进行存储。
- MongoDB 最初于 2007 年开发，主要以 JSON 作为存储结构对数据进行存储。

由于 Redis 更新换代较为迅速，集群版更加稳定，不仅免费，而且有使用简单、并发可观等优点，所以一直占据着 NoSQL 数据库的市场。

在应用程序规模不断扩大的今天，网络应用程序、接口、性能指标、试用场景等日新月异，过去的数据库已无法满足大数据、人工智能等方面的需要，因此 NoSQL 衍生出了四种新类型，如表 1-2 所示。

表 1-2

NoSQL 类型名称	释　义	代表性数据库
Graph DataBase	图形数据库	Neo4J OrientDB
Document	文档数据库	MongoDB Elasticsearch
Column Family	列族数据库	HBase RocksDB
Key-Value	键值数据库	Redis Memcached

值得注意的是，虽然在项目中经常使用部分 NoSQL 数据库作为缓存，但是 NoSQL 数据库并不代表缓存，所以不要混淆 NoSQL 数据库和缓存的概念，后续章节会详细介绍缓存。除上述市场上常见的数据库及其存储方式外，其他特殊的存储方式如表 1-3 所示。

表 1-3

类　型	释　义	代表性数据库
New SQL Databases	新出现的关系数据库	MariaDB MemSQL ClustrixDB PostgreSQL SQLite
Time Series	时序性数据库	InfluxDB OpenTSDB
Search	搜索引擎	Elasticsearch Solr
Distributed File System	分布式文件管理系统	FastDFS HDFS

除 Hadoop 生态圈、Spark 生态圈、数据挖掘系列、数据仓储系列、大规模并行数据库系列、数据集成系列等所涉及的存储外，大部分应用程序使用的数据库和存储方式都介绍到了。用表 1-1 与表 1-2 的存储方式可以满足绝大部分新闻网站、官网、游戏、电商、社交、数据平台（HTTP API）、医疗管理系统（HIS）、股票分析系统、理财系统、财务系统、管理系统等应用场景的需要。

时序性数据库是一种较为特殊的数据库，它使用了类 SQL 语句。例如，InfluxDB 中使用的 InfluxSQL 与 SQL 语句几乎没有差别，其存储格式仍为二维表、非文档结构或键值对结构，所以并没有把 InfluxDB 放到表 1-2 中。但是几乎不可能对 InfluxDB 数据库做多表联查、一对一、一对多等相关查询操作，因为时序性数据库的并发极大，实时响应速度极快，该数据库把一切性能都放在了新增、查询、实时响应等场景上。当数据出现错误时，应尽可能按照 Time 时间段删除数据。

另外，SQLite 虽然同样作为新关系数据库存在，但是过于微型，还原、备份等能力远不如 MySQL、Oracle 等常规关系数据库，所以通常不作为关系数据库使用。由于 SQLite 存储空间与本身体积都较小，所以 SQLite 活跃在移动端，通常作为移动端的缓存而存在，有时也会作为应用程序的缓存而存在。

Elasticsearch 在官方文档中属于分布式 RESTful 响应的搜索引擎（Distributed RESTful Search Engine），但 Elasticsearch 的存储格式又是文档式的，所以 Elasticsearch 既可归属于文档数据库，又可归属于搜索引擎。

上述内容属于概念类知识，在学习过程中不要过多纠结归属类型，只要擅长在不同场景的架构中使用不同的存储方式达到理想的业务与性能目标即可。目前市场上最常用的仍然是 MySQL、Oracle、Redis、MongoDB、Elasticsearch 和 FastDFS 等一系列"老功臣"。

1. 关系数据库与非关系数据库的区别

关系数据库与非关系数据库的区别如下：

数据存储的方式不同

关系数据天然就是二维表，因此适合存储在数据表的行和列中。数据表不仅可以彼此关联协作存储，也很容易提取数据。与其相反，非关系数据是大块组合在一起的，因而不适合存储在数据表的行和列中。

数据存储的地址不同

关系数据库通常直接存储进二进制文件中。非关系数据库根据自身配置不同，有的只存储在内存中，有的暂存在缓存中。当非关系数据库存储在内存中时，可以达到响应速度更快的目的，但是也更容易丢失数据，一旦重启非关系数据库，则相当于丢失了所有内容。当非关系数据库暂存在缓存中时，它会定期把数据存储到二进制文件中，即便重启非关系数据库，也可保证部分数据不会丢失。

对事务性的支持不同

如果数据操作需要高事务性，那么关系数据库（SQL 数据库）是最佳选择。SQL 数据库支持对事务原子性细粒度的控制，并且易于回滚事务。虽然非关系数据库也可以使用事务操作，但在稳定性方面无法和关系数据库相比。非关系数据库真正的价值是在操作的扩展性和大数据处理方面。

总而言之，在计算机性能选择上，有得必有失，在增加了响应速度和并发的情况下，非关系数据库和搜索引擎通常牺牲了一部分的数据安全性。

许多高级的 Oracle DBA 开玩笑称 Oracle 为"只要磁盘没有物理损坏，任何 Oracle 存储的数据都可以从磁盘中重新拿回来，甚至有些轻微的物理损坏仍然可以拿到其中一部分数据。"虽然只是一句玩笑话，但这确实是 Oracle 在一次次互联网浪潮的冲击之下仍然屹立不倒的原因之一，而这也恰恰是大部分非关系数据库无法与之相比的地方之一。

2. 关系数据库等级

大部分在校学生和工作 2~3 年的程序员经常会提出这样一个问题，即"在工作中对关系数据库需要掌握到什么程度？"

这是一个比较常见的问题，但是因为岗位不同，使用的关系数据库不同，所以对关系数据库需要掌握的程度也不同。笔者按照"游戏等级"的方式，以 MySQL 为例，划分了不同等级下对 MySQL 掌握的熟练度，如表 1-4 所示。

表 1-4

等　级	熟　练　度
1	能够独立安装 MySQL。并且设置用户名、账号和密码。 理解二维表概念，能够通过 SQL 语句对表执行创建、增加、删除、修改及查询操作。 理解事务的概念，并且可以通过 Java、Python、C#或 PHP 等语言整合 MySQL
2	能够熟练使用 MySQL 中的复杂查询。 理解一对一、一对多、多对一、多对多等 SQL 关系。 能够熟练使用内连接、外连接、左连接、右连接、自连接、全连接等相关方式进行查询。 能够熟练在各种场景中使用复杂查询
3	能够熟练使用 MySQL 的任务调度、存储过程、视图和触发器。 理解游标概念，理解各存储引擎特性。 可以独立搭建 MySQL 集群、理解分库分表。

等　级	熟　练　度
	通常能够达到这个程度的 Java 程序员都刚刚毕业，如果想做 MySQL 管理员（Database Administrator，DBA），则远远不够。MySQL DBA 更多的是为了 MySQL 服务正常运行，而 Java 程序员更多的是为了快速地拿到业务所要的数据。 　　MySQL DBA 需要熟练掌握 Linux 系统、MySQL 数据手动与自动备份、数据恢复、root 账号丢失的恢复技巧、数据库闪回技术、快速备份与恢复、各种导出文件与引入文件的技巧与方式，能够熟练查看 MySQL 的状态、配置、日志、监控、缓存、缓存命中率，能够解决因 INSERT、DELETE 导致的锁表，理解合并表和分区表，能够用一些工具实时监控 MySQL 服务，并在达到某一阈值的情况下及时报警，深刻理解"集群脑裂"情况并能够避免和优化，熟悉有关 MySQL 的生态圈、第三方工具等（例如 percona-toolkit、HammerDB）。总而言之，对 MySQL DBA 最基本的要求是在任何条件下，哪怕某几个节点突然断电，也需要让整体 MySQL 服务正常运行，对数据中心而言，要达到每年 4 个 9 的目标，即每年 99.99%的时间都在正常运行
4	能够熟练使用 MySQL 的索引，并且针对当前 MySQL 的响应速度优化索引、优化 SQL 语句，减少笛卡儿积的乘积数量。这一步在命令上并不难，难的是思路。思路大部分是在工作中获得的，能够针对 INSERT、ORDER BY、GROUP BY、嵌套查询、OR 条件等不同情况进行不同的优化处理，这也是 Java 程序员的必备技能之一。 　　通常能够达到这个程度的 Java 程序员都有 1~3 年工作经验，跟过几个项目并且涉及优化部分的内容
5	可以分析表、检查表、优化表结构、增加中间表和冗余字段。 　　理解核心表、过程表、恒数表、递增表、流水表和状态表的相关概念。 　　理解横表、纵表、横表转纵表、纵表转横表。 　　理解各种分表方案。 　　可以根据数据库设计范式独立设计整体应用程序的表结构。 　　了解部分数据库设计模式，例如主扩展模式、主从模式、名值模式、多对多关系等。 　　掌握多种不同的 MySQL 集群架构方案，并且理解其优劣，能够弥补部分集群架构方案的缺点。 　　通常能够达到这个程度的 Java 程序员都有 5 年以上工作经验，可以独自带领团队，独自设计应用程序
6	深刻理解 MySQL 中的锁机制和缓存机制。 　　了解 MySQL 各个版本的差异和变迁历史。 　　了解有关 MySQL 更为潮流的生态技术（例如 Fescar（Seata））。 　　阅读过部分 MySQL 的开源代码
7	可以带领团队从零编写新的关系数据库，或者在 MySQL 开源代码的基础上进行修改，为自身团队提供 MySQL 定制化服务

3. 常用的 MySQL 工具

（1）常用的性能基准测试工具有 sysbench 和 mysqlslap。

（2）对应用程序进行性能测试的常用工具是 JMeter。

（3）对 MySQL 和服务器 CPU 等信息进行性能监控架构可选择 Grafana + InfluxDB +Telegraf 架构或 Prometheus + Grafana 架构。

（4）集群可选择 MyCAT。

（5）相关统计可选择 percona-toolkit。

（6）慢 SQL 查询可选择 mysqldumpslow。

（7）分布式事务可选择 Fescar（Seata）。

（8）事务处理测试可选择 HammerDB。

（9）快速备份与恢复可选择 mysqlhotcopy。

（10）常规备份与恢复可选择 mysqldump。

（11）二进制日志（binlog）解析工具可选择 Maxwell。

1.10.2　数据库测试的具体内容

（1）初始程序架构时，在设计数据结构与表结构之后，应对设计的表结构与数据结构进行基准性能测试，得到该套结构的基准信息。

（2）在对数据库进行主从复制、MyCAT 集群等优化之后，需要进行适当压力的性能测试，以保证集群化后，MySQL 单节点性能没有被降低过多。

（3）在编码结束之后应对每条可能执行的 SQL 语句执行计划解读，确保执行语句中不存在全表索引之类的操作。如果包含全表索引，则需增加索引或优化 SQL 语句。

（4）应当对数据库做业务存储量测试，即测试当存储的数据量不同时，应用程序的返回时间为多少。此测试通常以应用程序作为入口。

（5）需要对数据库做疲劳测试，在应用程序运行过程中，是否因运行时间过长而出现数据库内存泄漏的情况。

（6）应当对数据库做灾备测试，即当主从复制或相关集群架构部署结束时，需测试断网、断电情况下是否会进行正常的灾备处理与响应服务。

（7）应当对数据库做安全测试，即账号、密码、权限、防火墙、弱密码、脱敏等相关内容是否设计得体，除防止别有用心的人渗透外，是否可以防止当前用户误操作导致数据丢失等情况。

1.11　缓存的核心知识

缓存是为了减少数据库和服务器压力而产生的，在应用层编程时需主要考虑以下几种情况：

- 客户端缓存。
- 服务端缓存。
- 网络缓存（CDN 缓存）。

客户端缓存负责减轻服务端的存储和频繁的数据请求等压力。例如，在 QQ 初始阶段，只有"会员"才可以把 QQ 表情存储在"云端"之上，因为腾讯内部并没有庞大的存储系统存储大量的 QQ 表情。虽然现在腾讯已经取消了只有"会员"才可以存储 QQ 表情的限制，但是大部分 QQ 表情仍然默认存储在本地客户端。客户端缓存大致可分为以下几种：

- 客户端本地文件缓存，包括图片、.txt 文件、.doc 文件等。
- 客户端本地 HTTP、cookie 等浏览器缓存。
- 客户端注册表。
- 客户端微型数据库（SQLite）。
- 客户端本地计算机内存。

服务端缓存主要是为了减少数据库压力和外部服务接口的压力，这也是实际编程中最常用的手段。除减少数据库的压力外，缓存返回数据的响应速度比数据库要快。另外，尽可能不调用外部接口，因为外部接口无论 WebSocket、WebService，还是 HTTP，其响应速度都是不可控的。如果外部接口响应时间过长，也会影响自身性能。服务端缓存大致分为以下几种：

- 容器缓存，如 Tomcat、Nginx、JBoss、Servlet 等。
- 中间件缓存，如 MongoDB、Elasticsearch、Redis、RocketMQ、Kafka、ZooKeeper 等。
- JDK 缓存，如磁盘缓存、堆内缓存、堆外缓存等。
- 页面静态化缓存，如 FreeMaker、Thymeleaf 等。
- 文件管理，如 FastDFS 等。

1.11.1　缓存的命中率

缓存的命中率指的是"缓存查询的次数"与"总查询次数"的比值。在多级缓存下，可以调研每一级缓存的命中率，以便调整代码。若某缓存命中率过低，则很可能是缓存穿透问题。

1.11.2　缓存回收方式

- 基于时间：当某缓存超过生存时间时，则进行缓存回收。或者当某缓存最后被访问后超过某时间仍然没有被访问，则进行缓存回收。
- 基于空间：当缓存超过某大小时，则进行缓存回收。
- 基于容量：当缓存超过某存储条数时，则进行缓存回收。
- 基于引用：软引用和弱引用缓存会在 JVM 堆内存不足时进行缓存回收。

1.11.3　缓存回收策略

- 先进先出（First In First Out，FIFO）：一种简单的淘汰策略，缓存对象以队列的形式存在，如果空间不足，就释放队列头部的（先缓存）对象，一般用链表实现。
- 最近最久未使用（Least Recently Used，LRU）：是根据访问的时间先后进行淘汰的，如果空间不足，就释放最久没有被访问的对象（上次访问时间最早的对象）。
- 最近最少使用 (Least Frequently Used，LFU)：根据最近访问的频率进行淘汰，如果空间不足，就释放最近访问频率最低的对象。

1.11.4　缓存的设计模式

（1）Cache Aside 模式：首先读取缓存中的数据，若缓存没有命中，则读取 DB。当 DB 需要更新时，直接删掉缓存中的数据。由于实现简单，因此是最常用的一种设计模式，适用于读操作多的情况。

（2）Read/Write through 模式：在读取时先到缓存中查询数据是否存在。如果存在，则直接返回。如果不存在，则由缓存组件负责从数据库中同步加载数据，此数据永不过期。在写入时，先查询要写入的数据在缓存中是否存在。如果存在。则更新缓存中的数据，并且由缓存组件把数据同步更新到数据库中。Read/Write through 模式初步屏蔽了底层数据库操作，但是当把数据从缓存组件写入 DB 时，有可能出现异常无法正确写入的情况。因而需要谨慎记录时间戳，以便跟踪维护处理数据。该方案适合对持久性要求较低的业务场景。

（3）Write Behind Caching（Write Back）模式：Write Behind Caching 模式属于 Read/Write through

模式的进阶版，完全不考虑 DB，增删改查全部通过缓存进行处理。如果读取不到数据，则直接认为该数据不存在，服务器会定期把缓存中的数据存储到 DB 中。一般高并发应用程序最常用的是 Write Behind Caching 设计模式，它是性能最好的设计模式，但是实现较为复杂，一旦服务器宕机则有可能导致大量数据丢失。

1.11.5　缓存测试应涵盖的内容

（1）当前程序是否有可能出现缓存穿透、缓存击穿、缓存雪崩等常见问题。

（2）缓存是否设置了最大位数及时间等功能，是否会出现内存溢出的现象。

（3）缓存能够节省各数据源多少比重的读取，例如进程内缓存节省了多少读取 Redis 的比重，Redis 缓存节省了多少读取磁盘缓存的比重，磁盘缓存节省了多少读取 MySQL 的比重。

（4）App 在无网或弱网环境下，是否可以正常打开及使用。例如网易云音乐在没有网络的情况下可以听一些本地缓存的歌曲。

（5）App 在弱网转正常网络之后，缓存是否能被正常覆盖。

（6）各级缓存与数据库是否能够保持数据一致性，是否包含脏读、不可重复读等相关问题。

（7）缓存是否能够被手动删除或刷新，若遇到紧急状况是否能够进行可逆性操作。

（8）缓存的回收策略、回收方式等内容是否正常生效。

1.11.6　实战：秒杀系统设计方案

秒杀系统设计要解决的问题如下：

- 突发性大量接口请求导致服务器高负载，此时需要用限流和削峰的方案进行处理。
- 如果突然增加的带宽超过服务商提供的带宽上限，则要注意数据传输的完整性，即从客户端向服务器传输数据时即使速度缓慢，也要保证数据的完整性，以免数据丢失导致相应的错误，此时需要用队列及分布式锁等方案进行处理。
- 秒杀时应通过减库存操作维持数据的一致性，以免造成重复下单（超买/超卖）、库存不足等现象。此时需要用网关及队列等方案进行处理。
- 在秒杀之前按钮应为灰色，之后在不刷新页面的情况下将按钮点亮。此处尽量隐藏 URL，并对通信信息进行加密处理，以限制各种脚本请求，尽可能按 F12 键后查看不到各种地址及相关信息。

- 控制刷新页面，当用户即将参与秒杀时通常会不断按 F5 键刷新页面，重新加载页面同样会请求接口，应减少此种接口的请求，并将部分数据缓存至客户端，减轻服务器的压力。

秒杀系统需要达到限流、削峰、异步处理、高可用、缓存、可扩展等要求，具体如下：

- 限流：鉴于只有少部分用户能够秒杀成功，所以要限制大部分流量，只允许少部分流量进入服务后端。常见的限流有单一端口登录（同一账号只能单一端口登录，例如 App 与 Web 只允许一个端口正在登录）、只有登录账号才能参与秒杀、当单击按钮次数过多时应限制单击次数，例如，每个账号每秒只能单击 3 次等不同的限流方案。
- 削峰：因为秒杀系统瞬时会有大量用户涌入，所以在抢购一开始会出现瞬间峰值。高峰值流量是压垮系统的主要原因之一，如何把瞬间的高流量转变成一段时间的平稳的流量是设计秒杀系统很重要的思路。对流量进行削峰的解决方案是用消息队列缓冲瞬时流量，把同步的直接调用转换成异步的间接推送，中间通过一个队列在一端承接瞬时的流量洪峰，在另一端平滑地将消息推送出去。消息队列中间件主要解决应用耦合、异步消息、流量削峰等问题。常用的消息队列有 ActiveMQ、RabbitMQ、ZeroMQ、Kafka、MetaMQ 和 RocketMQ 等。削峰不是一次性可以解决的方案，而是要层层削峰，每一层都把压力降到最小，再传输给下一层，这样才能接受更大的压力与并发。
- 异步处理：秒杀系统是一个高并发系统，采用异步处理模式可以极大地提高系统并发量，其实异步处理就是削峰的一种实现方式。异步处理的设计不仅可以削峰，还可以减轻对缓存、数据库和 I/O 的压力。
- 高可用：所有服务器无论应用层还是数据层都要达到高可用的标准，即任何一台服务器宕机都可由其他服务器暂时替代，并通过自动或手动的方式迅速重启服务器，保证用户几乎感受不到服务器宕机。
- 缓存：秒杀系统最大的瓶颈一般都是数据库读写。由于数据库读写属于磁盘 I/O，性能很低，如果能够把部分数据或业务逻辑转移到内存缓存，则会极大地提升效率。
- 可扩展：这里讲的可扩展指一旦性能无法支撑当前并发，则可以迅速通过提升服务器性能或快速平滑地增加集群服务器的方式，顶住当前高峰压力。当压力下降时，再通过自动或手动的方式，平滑地卸下集群内部的服务器。

1.12 总结——业务、性能、编程、架构相辅相成

业务、性能、编程、架构四者相辅相成，从不是单独存在的。应用程序的架构与编码是为业务服务的，但这并不代表编码与架构方面需要无条件满足业务，当某些业务的实现逻辑只改变很少的一个点，但却能承载更多的并发时，业务就需要给性能做出一定的让步。

无论黑盒测试还是白盒测试，都需要由负责编码的人员进行辅助，否则得出的结论可能是没有任何意义的。在测试之前要明确本次测试的原因。例如，此次测试是为了验证当前应用程序的最大并发是多少，或是为了优化程序 CPU 和内存的使用量，或是为了了解应用程序在某用户量进行操作时对数据库的压力是多少，或是为了了解应用程序是否包含内存溢出，是否会出现宕机，或是为了了解 Linux 内核参数、MySQL 配置参数、Nginx 配置参数等内容是否需要进行更改等。性能测试给予应用程序的压力，绝不是以给应用程序"压迫致死"作为目标，而是为了测试出期望的结果，达到更了解当前程序或优化当前程序的目的。

当性能测试得出结论时，既可能需要对架构进行优化，也可能对代码进行优化，在实践中，需要根据人力、服务器成本等采取不同的方案。

第 13 章中列举了一些常见的架构，由于篇幅有限，知识点众多，所以没有为每种架构的每个技术都以步骤的形式进行体现。总体来说，Java 程序的性能优化可分为横向优化与纵向优化两种：

横向优化即通过负载均衡等，增加服务器来提升整体服务的并发性能。另外，在优化性能时要不断对当前服务器的响应情况进行测试与监控。

纵向优化即通过优化算法，或者通过 FastDFS 和 Redis 等中间件纵向增加缓存层，或通过优化 SQL 语句、更换协议等方式减少 CPU 与内存的开销，提升单台 Java 应用程序的并发性能。

## 第 2 章

为 MySQL 填充亿级数据

2.1　问题描述

在编写代码之前，应先针对业务设计的数据格式创建表结构，然后填充亿级数据，此阶段出现的典型问题如下：

（1）对于新上线的项目，我们希望能测试出它的最高承载用户量，在数据库为空的情况下，应如何增加亿级数据？

（2）在学习和工作工程中，经常需要使用数据量庞大的表来模拟系统在真实环境中的响应情况。如果只写一段代码，之后循环使用 INSERT 语句插入数据则实在是太慢了，是否有更快速的方法？

2.2　问题分析与解决方案

当通过 Java、C#、Python 等语言对 MySQL 进行操作时，不仅有语言自身的消耗，还有语言和数据库连接的消耗，所以当想要为数据库增加大量数据时，建议通过中间件或计算机系统对其增加数据量，切勿通过语言连接的方式。

另外，在执行时应尽可能减少事务、链表等相应情况，即减少一切损失执行速度的可能性，这样便可用最快的速度填充整个数据库。例如，在程序设计上，Redisson 通过 Lua 脚本的方式控制 Redis，将每一页的 Lua 脚本交由 Redis 自身，而非使用 Jedis 连接的方式来解决，所以 Redisson 的性能一向优良。

我们分别通过 INSERT INTO SELECT、存储过程和 Loadfile 三种方案为 MySQL 快速填充亿级数据。其中，INSERT INTO SELECT 方案是 MySQL 提供的 SQL 语句，而 SQL 语句可直接在 MySQL 内执行，所以速度更快。存储过程方案可减少事务提交次数，并且可以增加包含逻辑结构的数据，以快速填充数据库。Loadfile 方案可将外置资源文件导入数据库，通过数据迁移的方式快速填充数据库。

2.3 为 MySQL 填充亿级数据实战

这里只准备了一台服务器作为 MySQL 服务器。该服务器内存 1GB、硬盘 20GB、CPU 1 核、系统版本 CentOS 6.5、MySQL 版本 5.1.73。

增加的测试数据的表结构如下所示：

```
DROP TABLE IF EXISTS `Student`;
CREATE TABLE `Student` (
  `s_id` int(20) NOT NULL AUTO_INCREMENT,
  `s_name` varchar(20) NOT NULL DEFAULT '',
  `s_birth` varchar(20) NOT NULL DEFAULT '',
  `s_sex` varchar(10) NOT NULL DEFAULT '',
  PRIMARY KEY (`s_id`)
) ENGINE=InnoDB DEFAULT CHARSET=utf8;
```

在创建表之后，可以通过如下命令查看创建的表语句：

```
show create table Student;
```

注意：该表仅用来测试，无其他特殊含义。

2.3.1 INSERT INTO SELECT 方案

INSERT INTO SELECT 语句可以先从一个表中复制数据，再把复制的数据插到一个已存在的表（目标表）中，并且目标表中已存在的行完全不受影响。从一个表中复制所有的列插到目标表中的命令如下所示：

```
insert into tabl2 select * from table1
```

也可以从一个表中只复制某些列插到目标表中：

```
Insert into table2 (column_name(s)) select column_name(s) from table1;
```

1. INSERT INTO SELECT 语句的优点和缺点

为数据库填充测试数据最快且最容易的方案是使用 INSERT INTO SELECT 语句。该方案不涉及任何 I/O 方面的消耗，最大的缺点是在创建数据时数据自由度不高。

注意，INSERT INTO SELECT 语句只能为数据库填充数据，绝不能为数据库迁移数据。例如，需要将表 A 的数据迁移到表 B 中，虽然貌似可以使用 INSERT INTO SELECT 语句完成需求，但是 INSERT INTO SELECT 语句采用全表扫描的方式读取数据库资源，在默认的数据库隔离级别下，表 B 会被逐步行锁（扫一条锁一条），表 A 则会被表锁（全表加锁）。由于锁住的数据越来越多，进而导致数据库增删改大量失败，从而导致应用程序崩溃。

2. INSERT INTO SELECT 语句的实现过程

（1）插入初始化数据：

```
insert into Student values(NULL , '赵雷' , '1990-01-01' , '男');
insert into Student values(NULL , '钱电' , '1990-12-21' , '男');
insert into Student values(NULL , '孙风' , '1990-05-20' , '男');
insert into Student values(NULL , '李云' , '1990-08-06' , '男');
insert into Student values(NULL , '周梅' , '1991-12-01' , '女');
insert into Student values(NULL , '吴兰' , '1992-03-01' , '女');
insert into Student values(NULL , '郑竹' , '1989-07-01' , '女');
insert into Student values(NULL , '王菊' , '1990-01-20' , '女');
```

初始化结果如图 2-1 所示。

```
mysql> select * from Student;
+------+--------+------------+-------+
| s_id | s_name | s_birth    | s_sex |
+------+--------+------------+-------+
|    9 | 赵雷   | 1990-01-01 | 男    |
|   10 | 钱电   | 1990-12-21 | 男    |
|   11 | 孙风   | 1990-05-20 | 男    |
|   12 | 李云   | 1990-08-06 | 男    |
|   13 | 周梅   | 1991-12-01 | 女    |
|   14 | 吴兰   | 1992-03-01 | 女    |
|   15 | 郑竹   | 1989-07-01 | 女    |
|   16 | 王菊   | 1990-01-20 | 女    |
+------+--------+------------+-------+
8 rows in set (0.00 sec)
```

图 2-1

（2）通过 INSERT INTO SELECT 语句创建数据：

```
insert into Student select null,s_name,s_birth,s_sex from Student;
```

在多次使用 INSERT INTO SELECT 语句之后，每次使用该语句都会使数据量翻倍。在硬盘与 CPU 足够的情况下，几秒即可填充亿级数据，结果如图 2-2 所示。

```
mysql> insert into Student select null,s_name,s_birth,s_sex from Student;
Query OK, 8 rows affected (0.00 sec)
Records: 8  Duplicates: 0  Warnings: 0

mysql> insert into Student select null,s_name,s_birth,s_sex from Student;
Query OK, 16 rows affected (0.00 sec)
Records: 16  Duplicates: 0  Warnings: 0

mysql> insert into Student select null,s_name,s_birth,s_sex from Student;
Query OK, 32 rows affected (0.00 sec)
Records: 32  Duplicates: 0  Warnings: 0

mysql> insert into Student select null,s_name,s_birth,s_sex from Student;
Query OK, 64 rows affected (0.00 sec)
Records: 64  Duplicates: 0  Warnings: 0

mysql> insert into Student select null,s_name,s_birth,s_sex from Student;
Query OK, 128 rows affected (0.00 sec)
Records: 128  Duplicates: 0  Warnings: 0
```

图 2-2

3. INSERT INTO SELECT 语句可能出现的异常

当复制 400 万条数据到表中时已经出现了错误，如下所示：

```
mysql> insert into Student select null,s_name,s_birth,s_sex from Student;
ERROR 1206 (HY000): The total number of locks exceeds the lock table size
```

这是由于缓冲区不够导致的，属于 MySQL 缓冲区异常。

此时需要在 InnoDB buffer Pool 中处理缓存，处理的缓存内容如下所示：

（1）数据缓存（InnoDB 数据页面）。

（2）索引缓存（索引数据）。

（3）缓存数据（在内存中已修改但尚未写入磁盘的数据）。

（4）内部结构（如自适应哈希索引、行锁等）。

……

因此，当 MySQL 大批量执行 INSERT INTO SELECT 语句时，要求 InnoDB Buffer Pool 要足够大，并且当 InnoDB Buffer Pool 较大时，还会提高 INSERT INTO SELECT 语句的执行效率。解决 MySQL 缓冲区异常的方式只有两种：

（1）在 INSERT INTO SELECT 语句中增加 LIMIT 限制性语句，保证每次增加的数据量缓冲区都可以承载。

（2）增加 innodb_buffer_pool_size 的值。

4. 增加 innodb_buffer_pool_size 的值的步骤

（1）使用下面的命令可以查看当前表使用了哪种数据库引擎：

mysql> show engines;

结果如图 2-3 所示。

```
mysql> show engines;
+------------+---------+----------------------------------------------------------------+--------------+------+------------+
| Engine     | Support | Comment                                                        | Transactions | XA   | Savepoints |
+------------+---------+----------------------------------------------------------------+--------------+------+------------+
| MRG_MYISAM | YES     | Collection of identical MyISAM tables                          | NO           | NO   | NO         |
| CSV        | YES     | CSV storage engine                                             | NO           | NO   | NO         |
| MyISAM     | DEFAULT | Default engine as of MySQL 3.23 with great performance         | NO           | NO   | NO         |
| InnoDB     | YES     | Supports transactions, row-level locking, and foreign keys     | YES          | YES  | YES        |
| MEMORY     | YES     | Hash based, stored in memory, useful for temporary tables      | NO           | NO   | NO         |
+------------+---------+----------------------------------------------------------------+--------------+------+------------+
5 rows in set (0.00 sec)
```

图 2-3

（2）使用下面的命令可以查看当前数据库引擎状态中的参数：

show variables;
show variables like '%innodb%';

运行之后，截取部分参数，如表 2-1 所示。从表 2-1 中可以看出，innodb_buffer_pool_size 的值为 "8388608"，即为 8MB。

表 2-1

参　　数	值
innodb_adaptive_hash_index	ON
innodb_additional_mem_pool_size	1048576
innodb_autoextend_increment	8
innodb_autoinc_lock_mode	1
innodb_buffer_pool_size	8388608
innodb_checksums	ON
...	...

（3）查看当前数据库引擎状态中的参数。

查找配置文件，在 Linux 系统中，配置文件是 my.cnf；在 Windows 系统中，配置文件是 my.ini。设置 innodb_buffer_pool_size=64MB。更改之后，重新运行 MySQL，再次查看数据库引擎状态中的参数可以发现，innodb_buffer_pool_size 的值已经修改了，如图 2-4 所示。

```
innodb_adaptive_hash_index       | ON
innodb_additional_mem_pool_size  | 1048576
innodb_autoextend_increment      | 8
innodb_autoinc_lock_mode         | 1
innodb_buffer_pool_size          | 67108864
innodb_checksums                 | ON
innodb_commit_concurrency        | 0
innodb_concurrency_tickets       | 500
innodb_data_file_path            | ibdata1:10M:autoextend
innodb_data_home_dir             |
innodb_doublewrite               | ON
innodb_fast_shutdown             | 1
innodb_file_io_threads           | 4
innodb_file_per_table            | OFF
innodb_flush_log_at_trx_commit   | 1
innodb_flush_method              |
innodb_force_recovery            | 0
```

图 2-4

2.3.2 存储过程方案

存储过程（Stored Procedure）是数据库中可以完成某种特定功能的 SQL 语句集。用户可以通过指定存储过程的名称并给定参数（需要时）来调用并执行存储过程。我们可以把存储过程简单地理解为数据库在 SQL 语言层面的代码封装与重用。MySQL 是从 5.0 版本开始支持存储过程的。

1. 存储过程方案的优点和缺点

优点：

（1）存储过程可封装，并隐藏复杂的商业逻辑。

（2）存储过程可以回传值，并且可以接收参数。

（3）存储过程无法使用 SELECT 指令来运行，因为它是子程序，与查看表、数据表或用户定义函数等不同。

（4）存储过程可以用在数据检验上，强制执行商业逻辑等。

缺点：

（1）存储过程往往定制化于特定的数据库上，当切换到其他数据库时，因为支持的编程语言不同，需要重写原有的存储过程。

（2）存储过程的性能调校与编写通常受限于数据库。

2. 存储过程方案的实现过程

声明存储过程，如下所示：

```
delimiter $$
CREATE PROCEDURE demo_in_parameter(in i int)
BEGIN
    WHILE i < 10000000 DO
            insert into Student values('' , '赵雷' , '1990-01-01' , '男');
            SET i=i+1;
    END WHILE;
end$$
```

注意：此处可以使用存储方案的随机数函数来创建数据。另外，如果要增加事务，则不要过于频繁提交事务，否则会出现磁盘 I/O 异常。

调用存储过程如表 2-2 所示。

表 2-2

MySQL 语句	语句释义
set @id=0;	设置变量
call demo_in_parameter(@id);	调用存储过程

2.3.3　Loadfile 方案

Loadfile 方案相当于使用 Java 或 Python 等语言先创建 CVS、txt 等文件，再把数据存放在这些文件中，最后通过 MySQL 的 Loadfile 命令，把文件中的数据导入 MySQL 中。

1. Loadfile 方案的优点和缺点

Loadfile 方案与 INSERT INTO SELECT 方案和存储过程方案相比，自由度更高。但是从需要准备的文件来看，Loadfile 方案整体所需要的时间比 INSERT INTO SELECT 方案和存储过程方案要多。

2. Loadfile 方案的实现过程

（1）准备文件。

通过 Java 或 Python 等语言编写代码，输出相应的 CVS 文件或 txt 文件，文件内容如图 2-5 所示。

```
\N  赵雷  1990/1/1    男
\N  钱电  1990/12/21  男
\N  孙风  1990/5/20   男
\N  李云  1990/8/6    男
\N  周梅  1991/12/1   女
\N  吴兰  1992/3/1    女
\N  郑竹  1989/7/1    女
\N  王菊  1990/1/20   女
\N  赵雷  1990/1/1    男
\N  钱电  1990/12/21  男
\N  孙风  1990/5/20   男
\N  李云  1990/8/6    男
\N  周梅  1991/12/1   女
\N  吴兰  1992/3/1    女
\N  郑竹  1989/7/1    女
\N  王菊  1990/1/20   女
\N  赵雷  1990/1/1    男
\N  钱电  1990/12/21  男
\N  孙风  1990/5/20   男
\N  李云  1990/8/6    男
\N  周梅  1991/12/1   女
\N  吴兰  1992/3/1    女
\N  郑竹  1989/7/1    女
```

图 2-5

（2）把文件导入 MySQL 中。

使用如下命令把文件上传到服务端的/var/lib/mysql/目录下：

```
load data local infile '/var/lib/mysql/test.txt' into table Student;
```

Navicat 和 SQLYog 等工具也有上传文件的功能，但是数据库在连接这类工具时速度会慢很多。

2.3.4 第三方解决方案

1. DataFactory

DataFactory 是一个大数据生成工具，可以按照数据的某些规律大批量地生成数据。该工具的特点是简单易用。

2. Datafaker

Datafaker 是一个大批量测试数据和流测试数据的生成工具，是一个多数据源测试数据构造工具，可以模拟生成大部分常用数据类型的数据。

2.4　最终结果

当数据量为 1 亿 1 千万条左右时，如图 2-6 所示。另外，单表亿级数据量在硬盘中约占用 5.4GB。因为表结构不同、数据量不同，所以不同的表对硬盘的占用情况也不同，此值只能作为参考。

```
mysql> select count(*) from Student;
+-----------+
| count(*)  |
+-----------+
| 111554432 |
+-----------+
1 row in set (57.34 sec)
```

图 2-6

通过 SQL 语句在无索引、单线程、无判断、无跨表，且单核 CPU、1GB 内存的情况下，获取当前表结构亿级表中的 10 条，所需时间约为 0.061s。在优化 SQL 查询与表结构的过程中，可以把此值作为参考参数对 SQL 进行优化。

在实际工作中，可以用 8 核 CPU、16GB 内存、当前表结构和实际工作中的 SQL 并发数查询 SQL，以得到最快响应时间，根据此响应时间长短进行优化。要么修改表结构，修改 SQL 优化索引，要么修改代码减少查询次数，或者查看网络带宽是否到达上限。

若在实际工作中无法完成网络带宽受限的测试，那么就把代码中的响应时间与 SQL 响应时间进行对比。如果 SQL 响应速度更快，则优化代码与网络。如果 SQL 响应速度较慢，则优化索引。如果无法优化索引，就修改表结构。

图 2-7 与图 2-8 分别展示了空表和亿级数据下，两种不同的磁盘使用（根据表结构与存储内容的不同，此数值仅作为参考）。

```
[root@localhost ~]# df -h
Filesystem     Size  Used Avail Use% Mounted on
/dev/sda2       18G  2.7G   14G  16% /
tmpfs          495M  228K  495M   1% /dev/shm
/dev/sda1      291M   34M  242M  13% /boot
```

图 2-7

```
[root@localhost ~]# df -h
Filesystem     Size  Used Avail Use% Mounted on
/dev/sda2       18G  7.9G  8.8G  48% /
tmpfs          495M  228K  495M   1% /dev/shm
/dev/sda1      291M   34M  242M  13% /boot
```

图 2-8

## 第 3 章

MySQL 基准测试：sysbench 与 mysqlslap

3.1 问题描述

在编写代码之前，填充亿级数据之后，应对数据库做基准测试，即在还没有编写代码的时候了解当前设计的数据格式和表结构的性能基准是怎样的，以便在之后编程时有所比较，此阶段出现的典型问题如下：

（1）如何为刚搭建的 MySQL 数据库配置相关参数，例如 8CPU、16MEM 的服务器，应配置何种参数使该服务器最优？

（2）当前设计的数据结构与表结构在没有其他因素影响性能时，基准响应情况如何？

（3）当前负载均衡架构体系是否过多地影响了单台 MySQL 数据库的性能，例如，主从复制在当前架构中应当选择何种策略才不会过度损耗单台 MySQL 数据库的性能？

（4）当前单台 MySQL 数据库的最大承载访问量是多少？

（5）当 MySQL 数据库单表数据量过亿时，返回数据的速度极慢是正确的吗？

3.2 问题分析与解决方案

在搭建好 MySQL 数据库之后，通常需要对单台 MySQL 进行基准测试，即测试 MySQL 的数据量为亿级时的响应情况。如果知道单台 MySQL 在没有任何干扰情况下的响应速度，自然就可以知道当前单台 MySQL 可承载的访问量为多少。

具体方案是分别测试主从复制集群及单节点访问，从而得到两种响应结果，由此可以知道当前选择的 MySQL 集群策略是否过度影响了单台 MySQL 的性能消耗。当服务器不同、SQL 语句不同、表结构及数据量不同时，单台 MySQL 最大承载访问量也不同，此时需要针对自身表结构进行性能测试。

从代码原理来讲，MySQL 单表数据量过大确实更消耗性能，但是这部分消耗类似于 HashMap。当数据条数超过 4000 时，HashMap 的速度会很慢，但不代表它无法满足当前应用程序的需求，另外，其返回速度未必是极慢的。例如，对于单表亿级数据量的 MySQL，在仅返回 10 条数据时，其返回的时间仍是毫秒级的。

3.2.1　解决方案：sysbench

sysbench 是一个模块化、跨平台、开源的多线程基准测试工具，可以执行 CPU、内存、线程、I/O、数据库等方面的性能测试，主要用于测试不同系统参数下数据库的负载情况，目前支持 MySQL、Oracle 和 PostgreSQL 数据库。

Sysbench 的主要测试内容及含义如表 3-1 所示。

表 3-1

测 试 内 容	含　　义
CPU	处理器性能
threads	线程调度器性能
mutex	互斥锁性能
memory	内存分配及传输速度
fileio	文件 I/O 性能
oltp	数据库性能（OLTP 基准测试）

使用 sysbench 测试时，通常分为以下三步：

（1）prepare：造数据。

（2）run：执行脚本进行测试。

（3）cleanup：删除测试数据。

通常 sysbench 会在 run 步骤执行之后，获得相关的测试结果。

下载 MySQL 官网提供的 sysbench 安装文件，在 Linux 系统中进行编译和安装：

```
#wget https://downloads.mysql.com/source/dbt2-0.37.50.16.tar.gz
#tar  -zxvf  sysbench-0.4.12.14.tar.gz
#cd  sysbench-0.4.12.14
#./configure
#yum install mysql-devel
#make
#make install
```

如果编译时提示缺少 lib 文件，则运行 yum install mysql-devel 命令，安装 MySQL 的 lib 文件。如果之前已经安装过 lib 文件，则忽略这行命令。

在安装结束之后，可以使用 sysbench --version 命令验证安装是否成功，如图 3-1 所示。

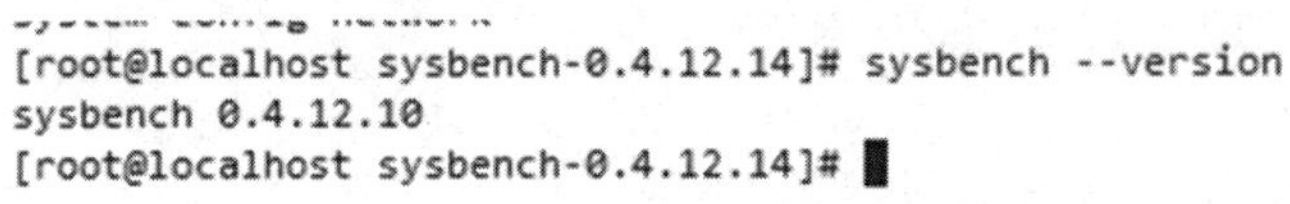

```
[root@localhost sysbench-0.4.12.14]# sysbench --version
sysbench 0.4.12.10
[root@localhost sysbench-0.4.12.14]# █
```

图 3-1

如果在安装过程中出现如图 3-2 所示的错误，可以暂时忽略。

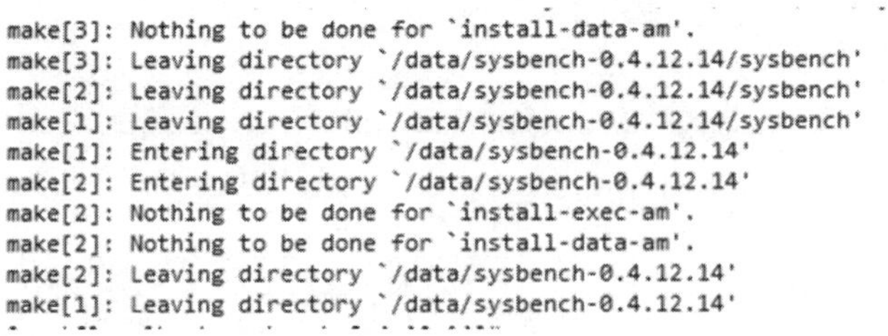

```
make[3]: Nothing to be done for `install-data-am'.
make[3]: Leaving directory `/data/sysbench-0.4.12.14/sysbench'
make[2]: Leaving directory `/data/sysbench-0.4.12.14/sysbench'
make[1]: Leaving directory `/data/sysbench-0.4.12.14/sysbench'
make[1]: Entering directory `/data/sysbench-0.4.12.14'
make[2]: Entering directory `/data/sysbench-0.4.12.14'
make[2]: Nothing to be done for `install-exec-am'.
make[2]: Nothing to be done for `install-data-am'.
make[2]: Leaving directory `/data/sysbench-0.4.12.14'
make[1]: Leaving directory `/data/sysbench-0.4.12.14'
```

图 3-2

在源码包中，sysbench 内置了 OLTP 脚本，即内置了部分可以直接使用的测试工具。通常情况下，只要使用内置脚本，就可以实现大部分性能基准压测的需求，因此不用自定义 Lua 脚本进行压测。另外，如果用 yum 方式下载 sysbench，则可能下载不到相关的脚本。

OLTP 脚本位于下面的地址中：

$/sysbench-0.4.12.14/sysbench/tests

3.2.2　sysbench 的命令与参数

sysbench 的一般命令行语法如下：

sysbench [options]... [testname] [command]

options 是 sysbench 的基本参数，用于指定 sysbench 的并发度、压测时长、线程数、总请求数、等待时间等。options 中的常用参数及释义如表 3-2 所示。

表 3-2

options 中的常用参数	释　义	默 认 值
--threads	要创建的工作线程总数	1
--events	对请求总数的限制。默认值为 0，表示无限制	0
--time	限制总执行时间（以秒为单位）。0 表示无限制	10
--warmup-time	初始周期时间/热身时间。在启用统计信息的实际基准运行之前，在禁用统计信息的情况下，在这几秒内执行事件（事务）。当想从统计数据中排除基准测试运行的初始周期时，该参数非常有用。在许多基准测试中，初始周期并不具有代表性，因为 CPU、数据库、页和缓存等需要时间来预热	0
--rate	平均交易率。这个数字指平均每秒由所有线程执行多少个事件（事务）。默认值为 0，表示无限制，即事件被尽可能快地执行	0
--thread-init-timeout	等待时间（以秒为单位），以便初始化工作线程	30
--thread-stack-size	每个线程的堆栈大小	32KB
--report-interval	定期报告具有指定时间间隔（以秒为单位）的中间统计信息。注意，此选项生成的统计信息是每个时间间隔内的，而不是累积的。默认值为 0，表示禁用此报告	0
--debug	打印更多调试信息	off
--validate	在可能的情况下执行测试结果的验证	off
--help	打印一般语法或指定测试的帮助，然后退出	off
--verbosity	信息的详细程度（0-仅限关键消息，5-调试）	4
--percentile	sysbench 测量所有处理请求的执行时间，以显示统计信息，如最小执行时间、平均执行时间和最大执行时间等。	95

testname 是 sysbench 的基准测试名称，可选项包括 fileio、memory 和 CPU，以及捆绑的 Lua 脚本的名称（如 oltp_read_only）或一个定制的 Lua 脚本等。

command 用于指定 sysbench 执行哪些测试命令，可选项包括 prepare、run 和 cleanup 等。

3.2.3　解决方案：mysqlslap

mysqlslap 是 MySQL 官方从 5.1.4 版本开始提供的一个基准压测工具。它通过模拟多个并发客户端访问 MySQL 来执行压力测试，同时提供"高负荷攻击 MySQL"数据性能报告，并且能很好地对比多个存储引擎在相同环境下的并发压力性能差异。通过 mysqlslap --help 命令可以获得可用的选项，在安装 MySQL-client 端时会自动安装 mysqlslap。

在安装 MySQL 5.1.4 之后，通过 whereis mysqlslap 命令可以看到 mysqlslap 的存放位置，如图 3-3 所示。

```
[myjob001@localhost Desktop]$ whereis mysqlslap
mysqlslap: /usr/bin/mysqlslap /usr/share/man/man1/mysqlslap.1.gz
[myjob001@localhost Desktop]$ ▮
```

图 3-3

当 mysqlslap 在/usr/bin/目录下时，即可在控制台直接使用 mysqlslap 命令。输入 mysqlslap --help 命令，响应如图 3-4 所示。

```
[root@bogon ~]# mysqlslap --help
mysqlslap Ver 1.0 Distrib 5.1.73, for redhat-linux-gnu (x86_64)
Copyright (c) 2005, 2013, Oracle and/or its affiliates. All rights reserved.

Oracle is a registered trademark of Oracle Corporation and/or its
affiliates. Other names may be trademarks of their respective
owners.

Run a query multiple times against the server.

Usage: mysqlslap [OPTIONS]

Default options are read from the following files in the given order:
/etc/mysql/my.cnf /etc/my.cnf ~/.my.cnf
The following groups are read: mysqlslap client
The following options may be given as the first argument:
--print-defaults        Print the program argument list and exit.
--no-defaults           Don't read default options from any option file.
--defaults-file=#       Only read default options from the given file #.
--defaults-extra-file=# Read this file after the global files are read.
  -?, --help            Display this help and exit.
  -a, --auto-generate-sql
                        Generate SQL where not supplied by file or command line.
  --auto-generate-sql-add-autoincrement
                        Add an AUTO_INCREMENT column to auto-generated tables.
  --auto-generate-sql-execute-number=#
                        Set this number to generate a set number of queries to
                        run.
  --auto-generate-sql-guid-primary
                        Add GUID based primary keys to auto-generated tables.
  --auto-generate-sql-load-type=name
                        Specify test load type: mixed, update, write, key, or
                        read; default is mixed.
  --auto-generate-sql-secondary-indexes=#
                        Number of secondary indexes to add to auto-generated
                        tables.
```

图 3-4

3.2.4 mysqlslap 的命令与参数

mysqlslap 的基本命令如下所示：

```
mysqlslap [options]
```

options 中的参数及释义如表 3-3 所示。

表 3-3

参数全称	参数简称	释　义
--auto-generate-sql	a	自动生成测试表和数据，表示用 mysqlslap 自己生成的 SQL 脚本测试并发压力
--auto-generate-sql-load-type=type		测试语句的类型，取值包括 read、key、write、update 和 mixed（默认值）
--auto-generate-sql-add-auto-increment		对生成的表自动添加 auto_increment 列
--create-schema		自定义的测试库名称
--commint=N		设置 N 条 DML 后提交一次
--compress	-C	如果服务器和客户端都支持，则压缩信息并传递
--concurrency=N	-c N	表示并发量，即模拟多少个客户端同时执行 SELECT 语句，可指定多个值，例如，--concurrency=100,200,500
--detach=N		执行 N 条语句后断开重连
--debug-info	-T	打印内存和 CPU 的相关信息
--engine=engine_name	-e engine_name	要测试的引擎，可以有多个引擎，它们之间用分隔符隔开。例如，--engines=myisam, innodb
--iterations=N	-i N	测试执行的迭代次数，表示要在不同并发环境下，各自运行多少次测试
--number-char-cols=N	-x N	自动生成的测试表中包含 N 个字符类型的列，默认值为 1
--number-int-cols=N	-y N	自动生成的测试表中包含 N 个数字类型的列，默认值为 1
--number-of-queries=N		总的测试查询次数（并发客户数×每客户查询次数）
--only-print		只打印测试语句而不实际执行
--query=name		使用自定义脚本执行测试，例如可以自定义一个存储过程或者 SQL 语句执行测试

3.3　sysbench 实战

3.3.1　使用 sysbench 压测 CPU、内存和磁盘 I/O

这里只准备了一台服务器作为 MySQL 服务器。该服务器内存 1GB、硬盘 20GB、CPU 1 核、系统版本 CentOS 6.5、MySQL 版本 5.1.73。

1. 压测 CPU

使用如下命令压测 Linux 系统的 CPU：

```
sysbench --test=cpu run
```

在压测过程中，可以通过 top 命令或从 system-monitor 管理器看到当前 Linux 系统的性能变化。在压测过程中，CPU 使用率会突然飙升到 100%，如图 3-5 所示。压测结果如图 3-6 所示。

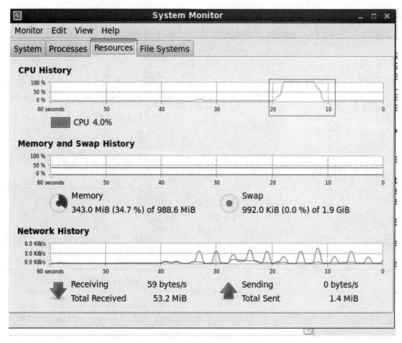

图 3-5

```
[root@localhost sysbench-0.4.12.14]# sysbench --test=cpu run
sysbench 0.4.12.10:  multi-threaded system evaluation benchmark

Running the test with following options:
Number of threads: 1
Random number generator seed is 0 and will be ignored


Doing CPU performance benchmark

Primer numbers limit: 10000

Threads started!
Done.


General statistics:
    total time:                          6.8828s
    total number of events:              10000
    total time taken by event execution: 6.8763
    response time:
            min:                         0.64ms
            avg:                         0.69ms
            max:                         5.11ms
            approx.  95 percentile:      0.73ms

Threads fairness:
    events (avg/stddev):           10000.0000/0.00
    execution time (avg/stddev):   6.8763/0.00

[root@localhost sysbench-0.4.12.14]# ▉
```

图 3-6

2. 压测内存

使用如下命令压测 Linux 系统的内存，压测结果如图 3-7 所示。

```
sysbench  --test=memory run
```

3. 压测磁盘 I/O

压测磁盘 I/O 同样需要三步：

（1）prepare：往磁盘中存储测试数据。

（2）run：读取测试数据。

（3）cleanup：删除最开始存储的测试数据。

其中，在 run 这步中可以选择随机读取、顺序读取等方式。

执行如下命令，增加测试数据：

```
sysbench --test=fileio --file-total-size=1G prepare
```

```
[root@localhost sysbench-0.4.12.14]# sysbench  --test=memory run
sysbench 0.4.12.10:  multi-threaded system evaluation benchmark

Running the test with following options:
Number of threads: 1
Random number generator seed is 0 and will be ignored


Doing memory operations speed test
Memory block size: 1K

Memory transfer size: 102400M

Memory operations type: write
Memory scope type: global
Threads started!
Done.

Operations performed: 104857600 (3804023.48 ops/sec)

102400.00 MB transferred (3714.87 MB/sec)


General statistics:
    total time:                        27.5649s
    total number of events:            104857600
    total time taken by event execution: 12.5529
    response time:
        min:                            0.00ms
        avg:                            0.00ms
        max:                            3.31ms
        approx.  95 percentile:         0.00ms

Threads fairness:
    events (avg/stddev):           104857600.0000/0.00
    execution time (avg/stddev):   12.5529/0.00

[root@localhost sysbench-0.4.12.14]# █
```

图 3-7

增加数据之前的系统容量如图 3-8 所示。

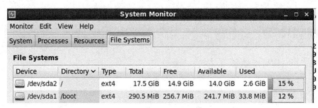

图 3-8

增加测试数据的日志过程如图 3-9 所示。增加数据之后的系统容量如图 3-10 所示。

```
Creating file test_file.114
Creating file test_file.115
Creating file test_file.116
Creating file test_file.117
Creating file test_file.118
Creating file test_file.119
Creating file test_file.120
Creating file test_file.121
Creating file test_file.122
Creating file test_file.123
Creating file test_file.124
Creating file test_file.125
Creating file test_file.126
Creating file test_file.127
1073741824 bytes written in 1.71 seconds (598.12 MB/sec).
```

图 3-9

图 3-10

执行如下命令，对磁盘进行压测：

sysbench --test=fileio --file-total-size=1G --file-test-mode=rndrw run

压测结果如图 3-11 所示。

```
[root@localhost sysbench-0.4.12.14]# sysbench --test=fileio --file-total-size=1G --file-test-mode=rndrw run
sysbench 0.4.12.10:  multi-threaded system evaluation benchmark

Running the test with following options:
Number of threads: 1
Random number generator seed is 0 and will be ignored


Extra file open flags: 0
128 files, 8Mb each
1Gb total file size
Block size 16Kb
Number of random requests for random IO: 10000
Read/Write ratio for combined random IO test: 1.50
Periodic FSYNC enabled, calling fsync() each 100 requests.
Calling fsync() at the end of test, Enabled.
Using synchronous I/O mode
Doing random r/w test
Threads started!
Done.

Operations performed:  6000 reads, 4000 writes, 12800 Other = 22800 Total
Read 93.75Mb  Written 62.5Mb  Total transferred 156.25Mb  (81.967Mb/sec)
 5245.89 Requests/sec executed

General statistics:
    total time:                          1.9063s
    total number of events:              10000
    total time taken by event execution: 1.4051
    response time:
         min:                                 0.00ms
         avg:                                 0.14ms
         max:                                35.36ms
         approx.  95 percentile:              0.14ms

Threads fairness:
    events (avg/stddev):           10000.0000/0.00
    execution time (avg/stddev):   1.4051/0.00

[root@localhost sysbench-0.4.12.14]#
```

图 3-11

执行如下命令，删除增加的测试数据：

```
sysbench --test=fileio --file-total-size=1G cleanup
```

删除测试数据的结果如图 3-12 所示。

```
[root@localhost sysbench-0.4.12.14]# sysbench --test=fileio --file-total-size=1G cleanup
sysbench 0.4.12.10:  multi-threaded system evaluation benchmark

Removing test files...
[root@localhost sysbench-0.4.12.14]# █
```

图 3-12

3.3.2　初次使用 sysbench 压测 MySQL

在对 MySQL 进行压测之前，首先选取默认值，其次使用 sysbench 内置的 OLTP 脚本进行测试，最后修改数据库名称、账号和密码。压测 MySQL 同样需要 prepare、run 和 cleanup 三步。

执行如下命令，增加测试表，部分内容可以自定义填写。另外，在/etc/my.cnf（MySQL 的配置文件）中可以查询 mysql-socket 参数。除此之外，在执行命令前最好手动在 MySQL 中创建要添加的实例库 mytest1，否则有可能出现找不到实例库的错误。

```
sysbench  \
--test=oltp \
--db-driver=mysql  \
--mysql-table-engine=myisam \
--mysql-db=mytest1  \
--oltp-table-size=100 \
--mysql-socket=/var/lib/mysql/mysql.sock \
--mysql-host=192.168.112.131 \
--mysql-user=zhang \
--mysql-password='mypassword' \
prepare
```

命令执行成功，如图 3-13 所示。

```
sysbench 0.4.12.10:  multi-threaded system evaluation benchmark

Creating table 'sbtest'...
Creating 100 records in table 'sbtest'...
[root@localhost sysbench-0.4.12.14]# █
```

图 3-13

原本 mytest1 是空实例库，此时在它的下面新增了一个 sbtest 表，该表是由 sysbench 生成的，如图 3-14 所示。

图 3-14

查询 sbtest 表可以发现，在初步测试时，sbtest 表中包含 sysbench 新增的 100 条数据。数据条数是在命令行的 oltp-table-size 字段中定义的，部分数据内容如图 3-15 所示。

	id	k	c	pad
☐	1	0		qqqqqqqqqqqwwwwwwweeeeeeeeeerrrrrrrrrrtttttttttt
☐	2	0		qqqqqqqqqqqwwwwwwweeeeeeeeeerrrrrrrrrrtttttttttt
☐	3	0		qqqqqqqqqqqwwwwwwweeeeeeeeeerrrrrrrrrrtttttttttt
☐	4	0		qqqqqqqqqqqwwwwwwweeeeeeeeeerrrrrrrrrrtttttttttt
☐	5	0		qqqqqqqqqqqwwwwwwweeeeeeeeeerrrrrrrrrrtttttttttt
☐	6	0		qqqqqqqqqqqwwwwwwweeeeeeeeeerrrrrrrrrrtttttttttt
☐	7	0		qqqqqqqqqqqwwwwwwweeeeeeeeeerrrrrrrrrrtttttttttt
☐	8	0		qqqqqqqqqqqwwwwwwweeeeeeeeeerrrrrrrrrrtttttttttt
☐	9	0		qqqqqqqqqqqwwwwwwweeeeeeeeeerrrrrrrrrrtttttttttt
☐	10	0		qqqqqqqqqqqwwwwwwweeeeeeeeeerrrrrrrrrrtttttttttt
☐	11	0		qqqqqqqqqqqwwwwwwweeeeeeeeeerrrrrrrrrrtttttttttt
☐	12	0		qqqqqqqqqqqwwwwwwweeeeeeeeeerrrrrrrrrrtttttttttt
☐	13	0		qqqqqqqqqqqwwwwwwweeeeeeeeeerrrrrrrrrrtttttttttt
☐	14	0		qqqqqqqqqqqwwwwwwweeeeeeeeeerrrrrrrrrrtttttttttt
☐	15	0		qqqqqqqqqqqwwwwwwweeeeeeeeeerrrrrrrrrrtttttttttt
☐	16	0		qqqqqqqqqqqwwwwwwweeeeeeeeeerrrrrrrrrrtttttttttt

图 3-15

输入如下命令，对 sbtest 表进行压测：

```
sysbench \
--test=oltp \
--db-driver=mysql \
--mysql-table-engine=myisam \
--mysql-db=mytest1 \
--oltp-table-size=100 \
--mysql-socket=/var/lib/mysql/mysql.sock \
--mysql-host=192.168.112.131 \
--mysql-user=zhang \
--mysql-password='mypassword' \
run
```

初步使用 sysbench 压测 MySQL 的结果如图 3-16 所示。

```
sysbench 0.4.12.10:  multi-threaded system evaluation benchmark

\Running the test with following options:
Number of threads: 1
Random number generator seed is 0 and will be ignored


Doing OLTP test.
Running mixed OLTP test
Using Special distribution (12 iterations,  1 pct of values are returned in 75 pct cases)
Using "LOCK TABLES WRITE" for starting transactions
Using auto_inc on the id column
Maximum number of requests for OLTP test is limited to 10000
Using 1 test tables
Threads started!
Done.

OLTP test statistics:
    queries performed:
        read:                   140000
        write:                  50000
        other:                  20000
        total:                  210000
    transactions:               10000  (1233.61 per sec.)
    deadlocks:                  0      (0.00 per sec.)
    read/write requests:        190000 (23438.63 per sec.)
    other operations:           20000  (2467.22 per sec.)

General statistics:
    total time:                 8.1063s
    total number of events:     10000
    total time taken by event execution: 8.0639
    response time:
        min:                        0.64ms
        avg:                        0.81ms
        max:                        8.36ms
        approx.  95 percentile:     1.03ms

Threads fairness:
    events (avg/stddev):        10000.0000/0.00
    execution time (avg/stddev): 8.0639/0.00
```

图 3-16

输入如下命令，删除 MySQL 中的 sbtest 表：

```
sysbench  \
--test=oltp \
--db-driver=mysql  \
--mysql-table-engine=myisam \
--mysql-db=mytest1  \
--oltp-table-size=100 \
--mysql-socket=/var/lib/mysql/mysql.sock \
--mysql-host=192.168.112.131 \
```

```
--mysql-user=zhang \
--mysql-password='mypassword' \
cleanup
```

删除结果如图 3-17 所示。

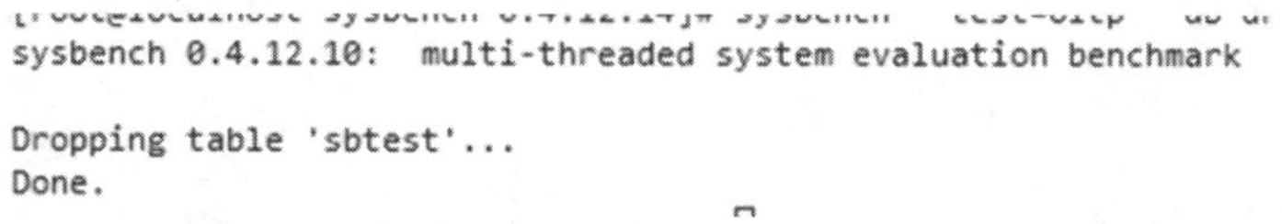

```
sysbench 0.4.12.10:  multi-threaded system evaluation benchmark

Dropping table 'sbtest'...
Done.
```

图 3-17

3.3.3　深度使用 sysbench 压测 MySQL

1. 测试数据库的 TPS 性能

```
sysbench \
--db-driver=mysql \
--time=180 \
--thread=4 \
--report-interval=1 \
--mysql-host=127.0.0.1 \
--mysql-port=3306 \
--mysql-user=zhang \
--mysql-password=mypassword \
--oltp_read_write \
--db-ps-mode=disable\
run
```

2. 测试数据库的只读性能

```
sysbench \
--db-driver=mysql \
--time=180 \
--thread=4 \
--report-interval=1 \
--mysql-host=127.0.0.1 \
--mysql-port=3306 \
--mysql-user=zhang \
--mysql-password=mypassword \
--oltp_read_only \
--db-ps-mode=disable\
run
```

3. 测试数据库的删除性能

```
sysbench \
--db-driver=mysql \
--time=180 \
--thread=4 \
--report-interval=1
--mysql-host=127.0.0.1 \
--mysql-port=3306 \
--mysql-user=zhang \
--mysql-password=mypassword \
--oltp_read_only
--db-ps-mode=disable\
delete
```

4. 测试数据库的插入性能

```
sysbench \
--db-driver=mysql \
--time=180 \
--thread=4 \
--report-interval=1 \
--mysql-host=127.0.0.1 \
--mysql-port=3306 \
--mysql-user=root \
--mysql-password=mypassword \
--mysql-db=sbtest \
--tables=32 \
--table-size=1000000 \
--oltp_insert \
--db-ps-mode=disable \
run
```

5. sysbench 的输出结果及释义

图 3-6、图 3-7 和图 3-16 都是 sysbench 的压测结果，sysbench 的压测结果主要分为三部分：

（1）版本号及关键测试参数输出。

（2）中间统计结果输出。

（3）整体统计结果输出。

部分参数及释义如表 3-4 所示。

表 3-4

参　　数	释　　义
read	读总数
write	写总数
other	其他总数（除 SELECT、INSERT、UPDATE 和 DELETE 之外的操作总数，如 COMMIT 等）
total	全部总数
transactions	总事务数（每秒事务数）
deadlocks	发生死锁总数
read/write requests	读或写总数（每秒读或写次数）
other operations	其他操作总数（每秒其他操作次数）
General statistics	一些统计结果
total time	总耗时
total number of events	总事务数
total time taken by event execution	所有事务耗时相加（不考虑并行因素）
response time	响应时长
min	最短执行时间
avg	平均执行时间
max	最长执行时间
approx.99 percentile	超过 99%平均执行时间

3.4　mysqlslap 实战

1. mysqlslap 基础入门

mysqlslap 只输出语句的命令如下所示，该命令通常用来查看在执行 mysqlslap 之后会输出哪些语句。在执行其他测试之前，建议优先使用如下语句输出测试内容。

```
mysqlslap -a -u root -p --only-print
```

在执行上述语句之后，需要输入 MySQL 的相关密码，如图 3-18 所示。

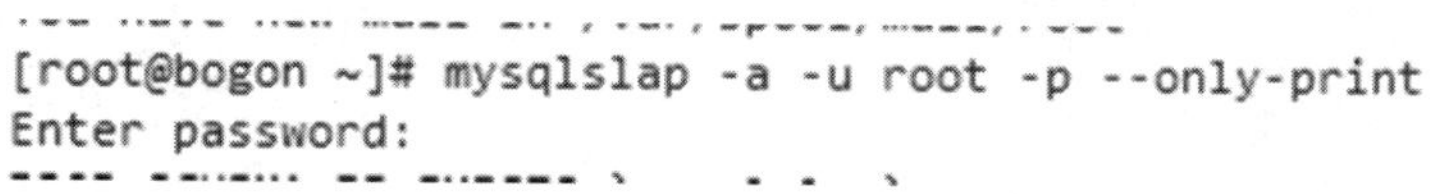

```
[root@bogon ~]# mysqlslap -a -u root -p --only-print
Enter password:
```

图 3-18

在输入密码之后，mysqlslap 会对输出的测试内容执行常规的创建表、写入数据、读取数据、删除表等相关操作，如图 3-19 和图 3-20 所示。

```
Enter password:
DROP SCHEMA IF EXISTS `mysqlslap`;
CREATE SCHEMA `mysqlslap`;
use mysqlslap;
CREATE TABLE `t1` (intcol1 INT(32) ,charcol1 VARCHAR(128));
INSERT INTO t1 VALUES (1804289383,'mxvtvmC9127qJNm06sGB8R92q2j7vTiiITRDGXM9ZLzkdekbWtmXKwZ2qG1llkRw5m!
INSERT INTO t1 VALUES (822890675,'97RGHZ65mNzkSrYT3zWoSbg9cNePQr1bzSk81qDgE4Oanw3rnPfGsBHSbnu1evTdFDe!
INSERT INTO t1 VALUES (1308044878,'50w46i58Giekxik0cYzfA8BZBLADEg3JhzGfZDoqvQQk0Akcic71cJInYSsf9wqin6!
INSERT INTO t1 VALUES (964445884,'DPh7kD1E6f4MMQk1ioopsoIIcoD83DD8Wu7689K6oHTAjD3Hts61YGv8x9G0EL0k87q!
INSERT INTO t1 VALUES (1586903190,'1wRHuWm4HE8leYmg66uGYIp6AnAr0BDd7YmuvYqCfqp9EbhKZRSymA4wx6gpH1JHI5!
INSERT INTO t1 VALUES (962033002,'rfw4egILWisfxPwOc3nJx4frnAwgI539kr5EXFbupSZe1M2MHqZEmD6ZNuEZzHib8fq!
INSERT INTO t1 VALUES (1910858270,'ksnug3YyANnWWDEJiRkiFC4a3e6KyJ2i3hSjksiuFLHlRXw9yhjDtnfoQd0OouyrcII
```

图 3-19

```
INSERT INTO t1 VALUES (757769962,'ZZxuti of oqjxTniuZ5i RmwmwcX1unl
INSERT INTO t1 VALUES (100669,'qnMdipW5KkXdTjGCh2PNzLoeR0527frpQI
SELECT intcol1,charcol1 FROM t1;
INSERT INTO t1 VALUES (73673339,'BN3152Gza4GW7atxJKACYwJqDbFynLx!
SELECT intcol1,charcol1 FROM t1;
INSERT INTO t1 VALUES (1759592334,'31koxjtvgLu5xKHSTTtJuGE5F5Qqm!
SELECT intcol1,charcol1 FROM t1;
INSERT INTO t1 VALUES (95275444,'bNIrBDB181tjzdvuOpQRCXgX37xGtzLI
SELECT intcol1,charcol1 FROM t1;
INSERT INTO t1 VALUES (866596855,'naQuzhMt1IrZIJMkbLAKBNNKKK2sCk!
SELECT intcol1,charcol1 FROM t1;
INSERT INTO t1 VALUES (364531492,'qMa5SuKo4M5OM71dvisSc6WK9rsG9E!
DROP SCHEMA IF EXISTS `mysqlslap`;
```

图 3-20

如果一切正常，则在无任何报错的情况下，可以进行后续测试，输入如下命令：

mysqlslap -a -u root -p

测试结果如图 3-21 所示。

```
[root@bogon ~]# mysqlslap -a -u root -p
Enter password:
Benchmark
        Average number of seconds to run all queries: 0.001 seconds
        Minimum number of seconds to run all queries: 0.001 seconds
        Maximum number of seconds to run all queries: 0.001 seconds
        Number of clients running queries: 1
        Average number of queries per client: 0

[root@bogon ~]#
```

图 3-21

图 3-21 中的基准测试结果释义如下所示：

- 运行所有查询的平均时间：0.001 秒。
- 运行所有查询的最短时间：0.001 秒。

- 运行所有查询的最长时间：0.001 秒。
- 运行查询的客户端数：1。
- 每个客户端的平均查询数：0。

2. mysqlslap 测试查询

下面的命令可以测试 100 个并发自动生成的 SQL 测试脚本，并执行 1000 次总查询所需的时间：

```
mysqlslap –u root -p -a --concurrency=100 --number-of-queries 1000
```

运行结果如图 3-22 所示。

```
[root@bogon ~]# mysqlslap -uroot -p -a --concurrency=100 --number-of-queries 1000
Enter password:
Benchmark
        Average number of seconds to run all queries: 0.175 seconds
        Minimum number of seconds to run all queries: 0.175 seconds
        Maximum number of seconds to run all queries: 0.175 seconds
        Number of clients running queries: 100
        Average number of queries per client: 10

[root@bogon ~]#
```

图 3-22

3. mysqlslap 测试复杂表查询 1

mysqlslap 可以自动生成复杂表，下面模拟 50 个和 100 个用户分别执行 5000 次总查询，迭代整套测试 5 次所需的时间，命令如下所示：

```
mysqlslap \
-u root \
-p \
--concurrency=50,100 \
--iterations=1 \
--auto-generate-sql \
--auto-generate-sql-load-type=mixed \
--auto-generate-sql-add-autoincrement \
--engine=innodb \
--number-of-queries=5000 \
--debug-info \
I 5
```

执行结果如图 3-23 和图 3-24 所示，每次迭代都会生成一个相应的测试报告。

```
Benchmark
        Running for engine innodb
        Average number of seconds to run all queries: 1.853 seconds
        Minimum number of seconds to run all queries: 1.853 seconds
        Maximum number of seconds to run all queries: 1.853 seconds
        Number of clients running queries: 1000
        Average number of queries per client: 5


User time 0.08, System time 0.79
Maximum resident set size 39452, Integral resident set size 0
Non-physical pagefaults 13034, Physical pagefaults 0, Swaps 0
Blocks in 0 out 0, Messages in 0 out 0, Signals 0
Voluntary context switches 47570, Involuntary context switches 53
```

图 3-23

```
Benchmark
        Running for engine innodb
        Average number of seconds to run all queries: 2.371 seconds
        Minimum number of seconds to run all queries: 2.371 seconds
        Maximum number of seconds to run all queries: 2.371 seconds
        Number of clients running queries: 500
        Average number of queries per client: 10
```

图 3-24

当服务器性能不佳或者数据库允许连接数未达到上限时，将无法正常连接数据库，报错信息如图 3-25 所示。

```
mysqlslap: Error when connecting to server: 1040 Too many connections
mysqlslap: Error when connecting to server: 1040 Too many connections
mysqlslap: Error when connecting to server: 1040 Too many connections
mysqlslap: Error when connecting to server: 1040 Too many connections
mysqlslap: Error when connecting to server: 1040 Too many connections
mysqlslap: Error when connecting to server: 1040 Too many connections
mysqlslap: Error when connecting to server: 1040 Too many connections
mysqlslap: Error when connecting to server: 1040 Too many connections
mysqlslap: Error when connecting to server: 1040 Too many connections
mysqlslap: Error when connecting to server: 1040 Too many connections
mysqlslap: Error when connecting to server: 1040 Too many connections
mysqlslap: Error when connecting to server: 1040 Too many connections
mysqlslap: Error when connecting to server: 1040 Too many connections
mysqlslap: Error when connecting to server: 1040 Too many connections
```

图 3-25

4．mysqlslap 测试复杂表查询 2

使用--number-int-cols 选项，指定表中包含 4 个 int 型数据的列。使用--number-char-cols 选项，指定表中包含 35 个 char 型数据的列。使用--engine 选项，指定针对哪种存储引擎进行测试：

```
mysqlslap \
 - u root \
-p \
--concurrency=50 \
```

```
--iterations=1 \
--number-int-cols=2--number-char-cols=1 \
--auto-generate-sql \
--auto-generate-sql-add-autoincrement \
--auto-generate-sql-load-type=mixed \
--engine=myisam,innodb \
--number-of-queries=200
```

执行结果如图 3-26 所示。

```
Benchmark
        Running for engine myisam
        Average number of seconds to run all queries: 0.018 seconds
        Minimum number of seconds to run all queries: 0.018 seconds
        Maximum number of seconds to run all queries: 0.018 seconds
        Number of clients running queries: 50
        Average number of queries per client: 4

Benchmark
        Running for engine innodb
        Average number of seconds to run all queries: 0.456 seconds
        Minimum number of seconds to run all queries: 0.456 seconds
        Maximum number of seconds to run all queries: 0.456 seconds
        Number of clients running queries: 50
        Average number of queries per client: 4
```

图 3-26

5. mysqlslap 基于自定义语句压测

mysqlslap 基于自定义语句压测的命令如下所示：

```
mysqlslap \
-u root \
-p \
--delimiter=";" \
--create="CREATE TABLE a (b int);INSERT INTO a VALUES (23)" \
--query="SELECT * FROM a" \
--concurrency=50 \
--iterations=200
```

执行结果如图 3-27 所示。

```
Benchmark
        Average number of seconds to run all queries: 0.007 seconds
        Minimum number of seconds to run all queries: 0.006 seconds
        Maximum number of seconds to run all queries: 0.015 seconds
        Number of clients running queries: 50
        Average number of queries per client: 1
```

图 3-27

mysqlslap 与 sysbench 的功能和用法类似，mysqlslap 也可以自定义复杂查询语句或自定义复杂表进行相应的基准测试，其自由度与 sysbench 相同。这两个基准测试工具几乎可以满足绝大部分 MySQL 基准压测场景。在实际压测过程中，建议自定义设置语句，保证压测时长大于半小时。若服务器性能优良，则测试表不应少于 20 个，单表数据不少于一亿条。

通常在使用 mysqlslap 进行基准测试之前，先用 only-print 命令输出接下来会自动执行的 SQL 语句，再将命令行存储为 shell 脚本，最后进行测试。

除 mysqlslap 与 sysbench 外，也可以用 JMeter 对数据库进行基准压测。

3.5 其他基准压测工具

数据库的本质是将数据存储到文件中，而相关类似的测试 Linux 的工具多如繁星，有兴趣的读者可以自行进行磁盘 I/O 压测。目前主流的第三方磁盘 I/O 压测工具有 fio、Iometer 和 Orion，这三个工具各有千秋。fio 在 Linux 系统下使用比较方便，Imeter 在 Window 系统下使用比较方便，Orion 是 Oracle 专用的磁盘 I/O 测试工具，可以在不安装 Oracle 数据库的情况下模拟 Oracle 数据库场景的读和写。

fio 是一个非常好用的磁盘 I/O 压测工具，它可以对硬件进行压测和验证，支持 13 种不同的磁盘 I/O 引擎，包括 sync、磁盘 mmap、磁盘 libaio、磁盘 posixaio、磁盘 SG v3、磁盘 splice、磁盘 null、磁盘 network、磁盘 syslet、guasi 和 solarisaio 等，MySQL 的磁盘 I/O 引擎为 libaio。当使用 sysbench 和 mysqlslap 测试 MySQL 的基准都不理想时，可以使用 fio 对 Linux 系统进行详细的磁盘 I/O 压测，这样就可以更深入地了解存储与读取慢的原因了。例如，MySQL 的配置与性能出现了问题，或者是 Linux 的硬件出现了故障。

例如，某项目组在管理 Oracle 数据库时曾因交换机老化，导致高并发下数据存储出现不定期异常，类似问题都可以通过磁盘 I/O 压测得到相应结果。

现在是云服务器时代，可能很少有公司会独立部署机房，语言类程序员对交换机、路由器、硬件防火墙、网闸等相关硬件的掌握能力相对一般，而云服务器的磁盘又很少出现"疑难杂症"，所以对磁盘 I/O 压测方面的内容简单了解即可。

第 4 章

代码单元的性能测试与优化

4.1　问题描述

在编写代码过程中，程序中通常会有许多个函数和接口，此时需要对函数和接口进行单元测试，以便了解函数或接口的性能，此阶段出现的典型问题如下：

（1）if 和 switch 哪个性能更好？

（2）FastJSON 和 GSON 哪个性能更好？

（3）程序使用 Spring 和不使用 Spring 哪个性能更好？

（4）HashMap 初始化是否需要指定初始大小？

（5）HashMap 获得容器占用大小时是否需要更多延时？

（6）JDK 的 Lambda 表达式是否会消耗更多的性能？

（7）MyBatis 和 Spring-Data-JDBC 哪个效率更高？

（8）Redisson 和 Spring-Data-Reids 哪个效率更高？

……

4.2　问题分析与解决方案

在日常编程中总会出现如在 4.1 节中描述的问题，例如，当前业务逻辑既可以使用 Set 链表，也可以使用 Map 键值对，究竟哪种方案更适合当前业务？在 Set 链表中使用<JSONObject>泛型与<JavaBean>泛型在数据大小相同时哪个速度更快？

　　前面提到的所有问题均可通过直接对代码单元进行性能测试找到答案，其解决方案为 JMH（Java Microbenchmark Harness）。在分别对两个代码单元进行性能测试之后，可以得到两种不同的结果，结果中包含每秒或每纳秒的最大执行次数，由此即可得到问题的解决答案。

　　JMH 是 OpenJDK 团队开发的一款基准测试工具，一般用于代码的性能调优，精度甚至可以达到纳秒级别，适用于 Java 及其他基于 JVM 的语言。与 JMeter 不同的是，JMH 测试的对象可以是任一方法，颗粒度更小，而不仅限于 REST API。

　　JMH 是 JDK9 之后自带的单元性能测试工具。如果当前的 JDK 不是 JDK 9，则可以加入以下依赖获得对 JMH 工具的支持，如下所示：

```
<dependency>
    <groupId>org.openjdk.jmh</groupId>
    <artifactId>jmh-core</artifactId>
    <version>1.23</version>
</dependency>
<dependency>
    <groupId>org.openjdk.jmh</groupId>
    <artifactId>jmh-generator-annprocess</artifactId>
    <version>1.23</version>
</dependency>
```

　　JMH 主要基于方法和函数层面进行性能测试，其使用方式类似于单元测试，在使用上更偏向于程序员在提交代码之前对自身代码的审查与优化，并不十分适用于测试人员。

　　JMH 比较典型的应用场景如下：

- 想准确地知道某个方法需要执行多长时间，以及执行时间和输入之间的相关性。
- 对比接口的不同实现在给定条件下的吞吐量。
- 查看多少百分比的请求在多长时间内完成。

4.3　JMH 实战

4.3.1　测试 JMH 基准性能

　　下面测试 JMH 基准性能，代码如下：

```
package test;

import org.openjdk.jmh.annotations.Benchmark;
```

```
import org.openjdk.jmh.runner.Runner;
import org.openjdk.jmh.runner.RunnerException;
import org.openjdk.jmh.runner.options.Options;
import org.openjdk.jmh.runner.options.OptionsBuilder;

public class test1 {

    @Benchmark
    public void wellHelloThere() {
        //空函数
    }

    public static void main(String[] args) throws RunnerException {
        Options opt = new OptionsBuilder()
                .include(test1.class.getSimpleName())
                .forks(1)
                .build();

        new Runner(opt).run();
    }
}
```

JMH 将在编译期间生成基准代码，在基准列表中将该方法注册为基准数值，该函数应当为公开的，并且可以抛出异常。不过一旦抛出异常，JMH 的 Runner(opt).run();将视为执行错误，直接结束，并进入下一个基准测试。目前衡量的基准数值为“空函数”，即把空函数作为基准参考。因为空函数中没有内容，所以速度最快。

JMH 在运行时依赖于 org.openjdk.jmh.runner.options.Options 配置，经配置之后，可以通过 org.openjdk.jmh.runner.Runner 来运行。其中，include 是在运行时包含的基准类，forks 用来指定重复执行的次数。

在执行之后，将看到大量的迭代，以及非常大的吞吐量，这些均为每个函数的开销，执行结果如下所示：

```
# Warmup: 5 iterations, 10 s each
# Measurement: 5 iterations, 10 s each
# Timeout: 10 min per iteration
# Threads: 1 thread, will synchronize iterations
# Benchmark mode: Throughput, ops/time
# Benchmark: test.test1.wellHelloThere

# Run progress: 0.00% complete, ETA 00:01:40
# Fork: 1 of 1
```

```
# Warmup Iteration   1: 2540063469.599 ops/s
# Warmup Iteration   2: 2548283595.145 ops/s
# Warmup Iteration   3: 2553603079.101 ops/s
# Warmup Iteration   4: 2560087702.746 ops/s
# Warmup Iteration   5: 2556525122.591 ops/s
Iteration   1: 2476795115.210 ops/s
Iteration   2: 2561550936.260 ops/s
Iteration   3: 2534291989.975 ops/s
Iteration   4: 2542922555.694 ops/s
Iteration   5: 2552164454.258 ops/s


Result "test.test1.wellHelloThere":
  2533545010.279 ±(99.9%) 128291507.270 ops/s [Average]
  (min, avg, max) = (2476795115.210, 2533545010.279, 2561550936.260), stdev =
33316897.031
  CI (99.9%): [2405253503.009, 2661836517.550] (assumes normal distribution)


Benchmark          Mode   Cnt          Score          Error   Units
wellHelloThere     thrpt    5      2533545010.279 ± 128291507.270   ops/s
```

ops 为每秒操作次数（Operation Per Second）。

4.3.2　测试 i++ 基准性能

下面测试 i++ 基准性能，代码如下：

```
package test;

import org.openjdk.jmh.annotations.Benchmark;
import org.openjdk.jmh.annotations.Scope;
import org.openjdk.jmh.annotations.State;
import org.openjdk.jmh.runner.Runner;
import org.openjdk.jmh.runner.RunnerException;
import org.openjdk.jmh.runner.options.Options;
import org.openjdk.jmh.runner.options.OptionsBuilder;

@State(Scope.Thread)
public class test4 {

    double i = Math.PI;

    @Benchmark
    public void measure() {
        i++;
```

```
    }

    public static void main(String[] args) throws RunnerException {
        Options opt = new OptionsBuilder()
                .include(test4.class.getSimpleName())
                .forks(1)
                .build();

        new Runner(opt).run();
    }
}
```

执行结果如下所示：

```
# Warmup: 5 iterations, 10 s each
# Measurement: 5 iterations, 10 s each
# Timeout: 10 min per iteration
# Threads: 1 thread, will synchronize iterations
# Benchmark mode: Throughput, ops/time
# Benchmark: test.test4.measure
# Fork: 1 of 1
# Warmup Iteration   1: 423241737.456 ops/s
# Warmup Iteration   2: 423774404.211 ops/s
# Warmup Iteration   3: 424419410.250 ops/s
# Warmup Iteration   4: 424577880.183 ops/s
# Warmup Iteration   5: 424436124.275 ops/s
Iteration   1: 424305660.590 ops/s
Iteration   2: 424981870.163 ops/s
Iteration   3: 422897418.242 ops/s
Iteration   4: 424658918.740 ops/s
Iteration   5: 424865890.128 ops/s


Result "test.test4.measure":
  424341951.573 ±(99.9%) 3263105.039 ops/s [Average]
  (min, avg, max) = (422897418.242, 424341951.573, 424981870.163), stdev = 847418.016
  CI (99.9%): [421078846.534, 427605056.612] (assumes normal distribution)


Benchmark     Mode  Cnt        Score        Error  Units
              thrpt    5  424341951.573 ± 3263105.039  ops/s
```

从执行结果中可以看出，每秒操作次数约为 4 亿次。根据前文测试的 JMH 基准性能可知，空函数的每秒操作次数约为 25 亿次，所以仅仅执行 i++ 这一行代码，其性能值就下降了许多。

如果在代码中增加内容，则应尽可能删除日志，以免每次执行函数时，其日志内容都会被实际打印出来。日志是消耗系统性能的主要因素之一。例如，在函数里只使用 System.out.println("hello world")代码，每秒操作次数约为 8 万次。

当然，以上数值为笔者的计算机得到的结果，仅可作为参考。即便相同的代码，在不同机器上的执行速度也截然不同。笔者的计算机配置为 32GB 内存，i5-8500CPU，64 位 Windows 操作系统。另外，即使是相同参数的机器，使用不同品牌的硬件，其执行速度也不同。另外，在执行基准测试时最好关闭各种后台程序，否则得到的性能值未必是最真实的性能值。

4.3.3 用 JMH 执行多个函数的结果

用 JMH 执行多个函数，代码如下所示：

```
package test;

import org.openjdk.jmh.annotations.*;
import org.openjdk.jmh.infra.Blackhole;
import org.openjdk.jmh.runner.Runner;
import org.openjdk.jmh.runner.RunnerException;
import org.openjdk.jmh.runner.options.Options;
import org.openjdk.jmh.runner.options.OptionsBuilder;

import java.util.Arrays;
import java.util.Random;
import java.util.concurrent.TimeUnit;

@BenchmarkMode(Mode.AverageTime)    //①
@OutputTimeUnit(TimeUnit.NANOSECONDS)   //②
@Warmup(iterations = 5, time = 1, timeUnit = TimeUnit.SECONDS)  //③
@Measurement(iterations = 5, time = 1, timeUnit = TimeUnit.SECONDS)  //④
@Fork(5)  //⑤
@State(Scope.Benchmark)  //⑥
public class test36 {

    private static final int COUNT = 1024 * 1024;

    private byte[] sorted;
    private byte[] unsorted;

    @Setup //⑦
    public void setup() {
        sorted = new byte[COUNT];
        unsorted = new byte[COUNT];
        Random random = new Random(1234);
```

```
        random.nextBytes(sorted);
        random.nextBytes(unsorted);
        Arrays.sort(sorted);
    }

    @Benchmark
    @OperationsPerInvocation(COUNT)   //⑧
    public void sorted(Blackhole bh1, Blackhole bh2) {
        for (byte v : sorted) {
            if (v > 0) {
                bh1.consume(v);
            } else {
                bh2.consume(v);
            }
        }
    }

    @Benchmark
    @OperationsPerInvocation(COUNT)
    public void unsorted(Blackhole bh1, Blackhole bh2) {
        for (byte v : unsorted) {
            if (v > 0) {
                bh1.consume(v);
            } else {
                bh2.consume(v);
            }
        }
    }

    public static void main(String[] args) throws RunnerException {
        Options opt = new OptionsBuilder()
                .include(".*" + test36.class.getSimpleName() + ".*")
                .build();
        new Runner(opt).run();
    }
}
```

① @BenchmarkMode：设置运行此基准测试的模式。此注释也可以只放在函数上，即只对某函数生效。在@BenchmarkMode 内部可以设置 Mode 类中包含的模式，如表 4-1 所示。

表 4-1

模式名称	释　义
Mode.Throughput	吞吐量模式，即获得单位时间内的操作数量。该模式将通过连续运行@Benchmark 下的函数，计算所有工作线程的总吞吐量。该模式是基于时间的，程序会持续运行，直至迭代时间到期
Mode.AverageTime	平均时间模式，即获得每次操作的平均时间。该模式将通过连续运行@Benchmark 下的函数，计算调用所有工作线程的平均时间。该模式同样是基于时间的，程序会持续运行，直至迭代时间到期
Mode.SampleTime	时间采样模式，即对每个操作函数的时间进行采样。该模式将通过连续运行@Benchmark 下的函数，随机抽取运行所需的时间。该模式是基于时间的，程序会持续运行，直至迭代时间到期
Mode.SingleShotTime	单词触发模式，即测试单次操作的时间。该模式将通过连续运行@Benchmark 下的函数，只运行 1 次并测量其时间。此模式适用于查看一个函数调用到另一个函数调用的进度。需要注意的是：（1）由于此模式只运行 1 次@Benchmark 下的函数，所以需要预热才能得到理想的数值。（2）如果基准数值很小，则计时器开销会相对多一些，如果有特殊需要，建议切换到 Mode.SampleTime 模式
Mode.All	元模式，即采用所有的基准模式。这种测试模式的结果最好

② @OutputTimeUnit：设置报告结果的默认时间单位。此注释既可以放到基准测试函数上，以便只对基准测试类生效；也可以放到实例上，以便对类中所有的基准方法生效。在@OutputTimeUnit 内部，可以选择 java.util.concurrent.TimeUnit 工具类内部包含的具体单位作为测试结果单位。

③ @Warmup：设置具体的配置参数，如表 4-2 所示。

表 4-2

配置参数	释　义
iterations	预热的迭代次数
Time	预热时间
timeUnit	预热时间的单位
batchSize	每个操作的基准方法的调用次数

④ @Measurement：与@Warmup 的配置参数及释义相同，但@Measurement 设置的是测量的迭代次数、测量时间、测量时间的单位和每个操作的基准方法的调用次数。

⑤ @Fork：设置整体测试几次。

⑥ @State：设置配置对象的作用域，定义测试中线程之间的共享程度，配置参数如表 4-3 所示。

表 4-3

配置参数	释　义
Scope.Benchmark	基准状态范围。对于基准作用域，相同类型的所有实例将在所有工作线程之间共享。此状态对象上的 Setup 方法和 TearDown 方法将由一个工作线程执行，并且每个级别仅执行一次。没有其他线程会接触到状态对象
Scope.Group	组状态范围。对于组作用域，相同类型的所有实例将在同一组中的所有线程之间共享。每个线程组都将提供自己的状态对象。 此状态对象上的 Setup 方法和 TearDown 方法将由其中一个组线程执行，并且每个级别仅执行一次。没有其他线程会接触到状态对象
Scope.Thread	线程状态范围。对于线程作用域，相同类型的所有实例都不同，即使在同一基准中注入了多个状态对象，此状态对象上的 Setup 方法和 TearDown 方法将由单个工作线程独占地执行，并且每个级别仅执行一次。没有其他线程会接触到状态对象

⑦ @Setup：线程执行前的配置函数，该注解只能在配置函数中声明。Setup 方法将由一个有权访问 State 的线程执行，并且没有指定是哪个线程。如果状态在线程之间共享，则拆卸可能由不同的线程执行。

⑧ @OperationsPerInvocation：允许与基准进行多个操作的通信，并允许 JMH 适当地调整分数。测试循环内部的代码如下所示：

```
@Benchmark
@OperationsPerInvocation(10)
public void test() {
    for (int i = 0; i < 10; i++) {
        // do something
    }
}
```

部分执行结果如下所示：

```
Benchmark: sorted
# Fork: 1 of 5
# Warmup Iteration   1: 2.363 ns/op
# Warmup Iteration   2: 2.400 ns/op
# Warmup Iteration   3: 2.387 ns/op
# Warmup Iteration   4: 2.336 ns/op
# Warmup Iteration   5: 2.352 ns/op
Iteration   1: 2.373 ns/op
Iteration   2: 2.337 ns/op
Iteration   3: 2.337 ns/op
```

```
Iteration    4: 2.340 ns/op
Iteration    5: 2.340 ns/op
Result "test.test36.sorted":
  2.343 ±(99.9%) 0.007 ns/op [Average]
  (min, avg, max) = (2.335, 2.343, 2.373), stdev = 0.009
  CI (99.9%): [2.336, 2.349] (assumes normal distribution)

Benchmark: unsorted
# Fork: 1 of 5
# Warmup Iteration   1: 6.591 ns/op
# Warmup Iteration   2: 6.584 ns/op
# Warmup Iteration   3: 6.583 ns/op
# Warmup Iteration   4: 6.581 ns/op
# Warmup Iteration   5: 6.641 ns/op
Iteration    1: 6.571 ns/op
Iteration    2: 6.576 ns/op
Iteration    3: 6.600 ns/op
Iteration    4: 6.590 ns/op
Iteration    5: 6.574 ns/op
Result "test.test36.unsorted":
  6.421 ±(99.9%) 0.123 ns/op [Average]
  (min, avg, max) = (6.303, 6.421, 7.033), stdev = 0.164
  CI (99.9%): [6.298, 6.543] (assumes normal distribution)
```

ns/op 为每纳秒的操作次数。

JMH 的使用方法非常简单，只需配置几个参数就可以测试出相应的结果，但是建议使用 IDEA 编写代码，因为 Eclipse 集成总会报一些额外的错误。JMH 官方建议在使用 Maven 打包之后，利用 jar 包的方式进行命令行启动并测试，这样测试的结果会比在 IDE 的 console 中测试的更加真实，毕竟 IDE 自身也消耗一些资源。

界面化和日志输出等常见的日常使用都极其消耗性能，部分高并发程序在设计时会尽可能不输出日志。另外，在工作中，无论性能方面还是业务方面，都应尽可能保留自动化测试脚本，原因如下：

- 可以为回归测试及冒烟测试提供相应服务。
- 可以生成测试数据，提高手动测试的速度。
- 在新版本上线时可以进行相应测试，获取测试结果。

第 5 章

Web 性能测试解决方案：
JMeter

5.1　问题描述

在代码写好之后，通常需要对场景进行性能测试，例如购买商品场景、登录场景、支付场景等，此阶段会出现的典型问题如下：

（1）当前登录场景可能需要调用 N 个接口，每天高峰期的时候，应用程序可以承受多少人登录。

（2）秒杀系统最多可以让多少人同时单击"购买"按钮而不出现异常。

（3）连续 100 小时以上的疲劳测试是否会使系统内存出现无法下降、GC 无法回收内存、疲劳测试之后 CPU 无法正常下降等问题。

（4）在并发压力下，应用程序哪里消耗资源过多，需要进行优化？

（5）在复杂场景下，整体接口包含调用逻辑，其中可能包括 if-else 判断、for/while 循环、获取上一个接口的信息传输到下一个接口中等操作，如何简化这部分性能测试的需求？

（6）针对协议如何进行测试？例如 HTTP 轮询与 WebSocket 哪个更消耗性能？大概相差多少？

（7）当单台压力机无法生成更大的压力时，如何增加压力机？

5.2　问题分析与解决方案

针对在 5.1 节中提出的问题，全部可以通过 JMeter 解决。JMeter 是 100%完全由 Java 编写的对软件进行性能测试的桌面程序，其桌面 GUI 部分可方便用户用无代码的方式编写性能测试脚本。待测试脚本编写完成之后，通常使用后台启动 JMeter 的方式运行性能测试脚本（因为 GUI 消耗资源过多）。

与 JMH 不同的是，JMeter 通常以多个代码单元组合成场景，模拟真正用户进行操作的调用顺序进行测试，其结果更加符合上线后的实际需求。也就是说，JMeter 更擅长对项目整体进行测试与优化，而 JMH 更擅长对代码局部进行测试与优化。

5.3　JMeter 的特点

JMeter 可以对多种协议进行性能测试，包括并不限于 HTTP、HTTPS、WS、WSS、TCP、UDP、SOAP 和 FTP。除此之外，还可以对 NoSQL、MySQL、JMS 等数据源或容器进行性能测试。

除编写性能测试脚本外，JMeter 还支持使用脚本录制的方式进行性能测试，即通过网页代理进行页面上的操作，其操作流程会被直接录制下来，并自动转换成性能测试脚本。此后每次测试时，只需直接使用脚本进行性能测试即可。在 JMeter 脚本录制的辅助下，再困难的业务逻辑也可以轻松地进行测试。

JMeter 具有制作良好的 GUI，即便初次接触的人，也可以迅速理解它并进行操作。

JMeter 具有各种可插拔的插件，因为 JMeter 的应用范围较为广泛，所以插件数量庞大。其插件完全由 Java 语言编写，方便因特殊业务逻辑进行自我扩展。

JMeter 包含各种断言、采样器等功能，方便用户在性能测试过程中，获取接口返回值，并对返回值进行参数化处理。例如，在调用接口 2 时，使用从接口 1 处返回的数值。

除性能测试外，JMeter 在 CI/CD 领域也可以配合其他工具实现接口自动化测试架构，如 JMeter+Ant+Jenkins 等。

5.4　深入理解 JMeter

5.4.1　JMeter 中的部分配置元件

取样器（Sampler）：取样器是 JMeter 的基础单元，通常各种协议的请求皆由取样器发起。例如，HTTP 请求、FTP 请求、JMS 发布与订阅、Java 请求、LDAP 请求、JDBC 请求、TCP 请求、SMTP 请求和 WebSocket 请求（需下载额外插件）等。

配置元件（ConfigurationElement）：配置元件主要对取样器中的各种请求进行辅助配置。例如，

HTTP 信息头管理器、HTTP 缓存管理器、HTTP Cookie 管理器、JDBC 连接配置、LDAP 扩展请求、FTP 默认请求、TCP 取样器配置等。另外，在配置元件中还包含一些与测试计划相关的配置元件，主要包括计数器、用户定义的变量等。

逻辑控制器（Logic Controller）：逻辑控制器主要控制 JMeter 脚本的执行顺序。例如，从接口 1 处请求得到的结果，经过逻辑控制器判断之后，会控制执行到接口 2 或接口 3。逻辑控制器的存在使得整体测试的灵活度更高。逻辑控制器中主要包含 if 控制器、事务控制器、循环控制器、While 控制器、临界部分控制器、ForEach 控制器、仅执行一次控制器、吞吐量控制器和 Switch 控制器等。

前置处理器（Pre-Processor）：在执行取样器之前，需执行前置处理器。前置处理器主要包括 HTML 链接解释器、HTML URL 重写修饰符和取样器超时等。

后置处理器（Post-Processor）：在执行取样器之后，需执行后置处理器。后置处理器主要包括 CSS/JQuery 提取器、JSON 提取器、边界提取器、BeanShell 断言和正则表达式提取器等。这些后置处理器在提取数据之后，可对上一个请求得到的结果进行参数化，并传输到下一个请求中。

断言（Assertion）：断言可用来验证服务器返回的数据与预期是否相符，如果不相符，可以记录或停止测试计划。断言主要包括响应断言、JSON 断言、大小断言、HTML 断言、XML 断言和 BeanShell 断言等。

定时器（Timer）：在测试计划执行过程中，定时器主要用来减缓线程运行。例如，线程在请求接口 1 执行之后，需暂停若干 ms 之后再请求接口 2。定时器主要包括固定定时器和随机定时器等。

监听器（Listener）：监听器主要用来收集测试结果报告。监听器主要包括：察看结果树、断言结果和聚合报告等。另外，在下载插件之后，还可以监听被测试端机器的 CPU 和内存等信息。

JMeter 的功能繁多，本章内容仅为抛砖引玉。JMeter 除自身所带功能外，还可通过添加 jar 包的方式，增加更多的配置元件、请求方式等。若某些测试场景连扩展功能都无法满足，则可自行编写 Java 程序对接的 JMeter 接口，生成 jar 包，并在 JMeter 中当作扩展的配置原件进行使用。

5.4.2　JMeter 参数化的实现方式

JMeter 参数化的实现方式如下：

- JMeter 函数：JMeter 函数指 GUI 界面→工具→函数助手对话框中 JMeter 自带的函数内容，主要包括 Random（随机数字）、RandomString（随机字符串）、RandomDate（随机时间）、splt（字符串拆分）、property（自定义数值）、UUID 和 char 等。

- JMeter 读取外部文件：读取外部配置文件的方式较多，包括 JMeter 函数中的 StringFromFile（从文件中读取字符串）、配置元件中的 CSVDataSetConfig（从 CSV 文件中读取配置信息）等。
- JMeter 提取上一个接口返回值：通常通过后置处理器中的 BeanShell 断言、JSON 提取器和正则表达式提取器等方式提取相应返回值。

JMeter 在提取数据后，需要在 HTTP 请求脚本中通过${变量名称}的形式使用参数化变量，并且除请求 body 外，在任何地方都可以使用变量名称。例如，路径、服务器名称或 IP 地址、端口号、协议和编码等。

5.4.3　JMeter 函数

JMeter 函数的位置如图 5-1 所示。

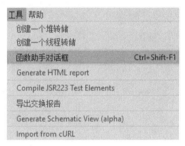

图 5-1

JMeter 函数助手对话框如图 5-2 所示。

图 5-2

在配置相应内容之后，可单击"生成"按钮，生成相关函数，如图 5-3 所示。

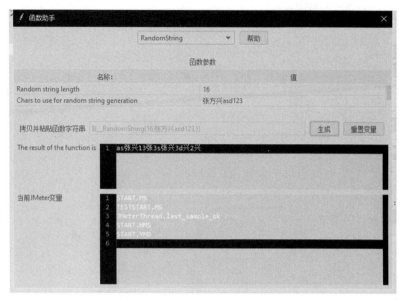

图 5-3

此次示例中使用的是 RandomString 函数。在 Charts to use for random string generation 对话框中随机输入若干数字、字母、汉字，此函数会随机拆分。在 Random string length 中，从 The result of the function is 对话框中可以看到该函数的返回结果。复制生成的函数，即可在请求中进行使用，如图 5-4 所示。

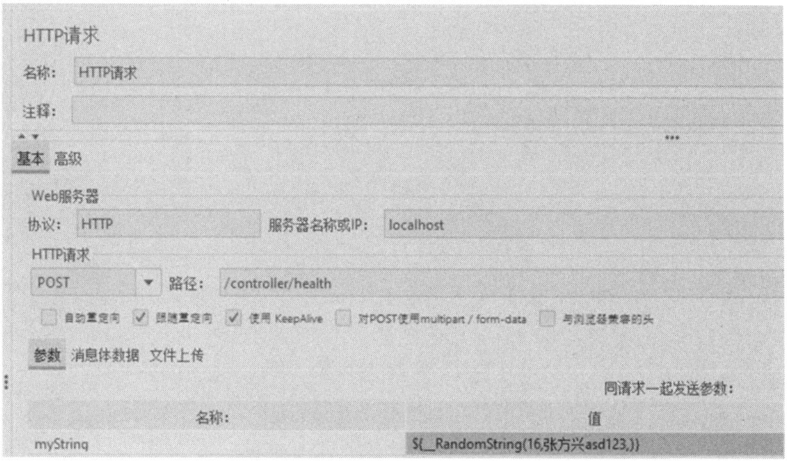

图 5-4

从察看结果树处或后台处可以看到已经发送过去了一段随机字符串，如图 5-5 所示。

图 5-5

5.4.4 通过 JMeter 读取外部文件

创建 a.csv 文件，如图 5-6 所示。

图 5-6

在测试计划中添加 CSV Data Set Config（CSV 数据文件设置器），如图 5-7 所示。

图 5-7

配置之后，读取 a.csv 文件中的数据并编写 HTTP 请求部分的内容。

5.4.5 通过 JMeter 提取上一个接口返回值

为方便测试，下面更改代码，如图 5-8 所示。

```java
@PostMapping(value = "/controller/getName")
public String controller4() {
    return "{\"name\":\"zfx\",\"sex\":\"1\"}";
}

@PostMapping(value = "/controller/getAge")
public String controller4(String name) {
    if ("zfx".equals(name)){
        return "{\"age\":\"100\"}";
    } else {
        return "{\"age\":\"0\"}";
    }
}
}
```

图 5-8

在测试计划中添加 JSON 提取器，如图 5-9 所示。编写 JSON 提取器的相应规则，在 Names of created variables 后面的文本框中填写需要在 HTTP 请求中编写的变量名称，在 JSON Path expressions 后面的文本框中填写 JSON 的 value 值映射，如图 5-10 所示。

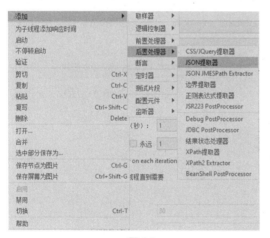

图 5-9

图 5-10

配置之后，读取接口中的数据并进行 HTTP 请求部分的编写，此时整体测试计划应如图 5-11 所示。getAge 的请求结果如图 5-12 所示。

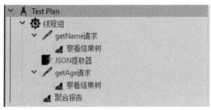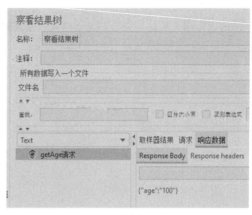

图 5-11   图 5-12

5.5　JMeter 实战

5.5.1　初次使用 JMeter 测试 REST 接口

从官网下载 JMeter 的 5.4.1 版本之后，直接运行 JMeter.bat 文件，即可在 Windows 系统下打开 JMeter 的 GUI 控制页面，单击 Options→ChooseLanguage→Chinese(Simplified)选项，修改显示语语，如图 5-13 所示。

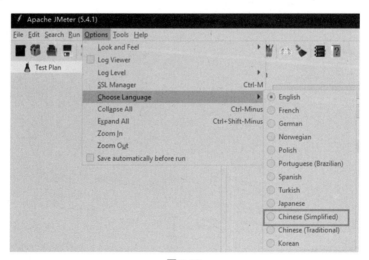

图 5-13

在修改显示语言之后，在 Test Plan（测试计划）下添加线程组，如图 5-14 所示。

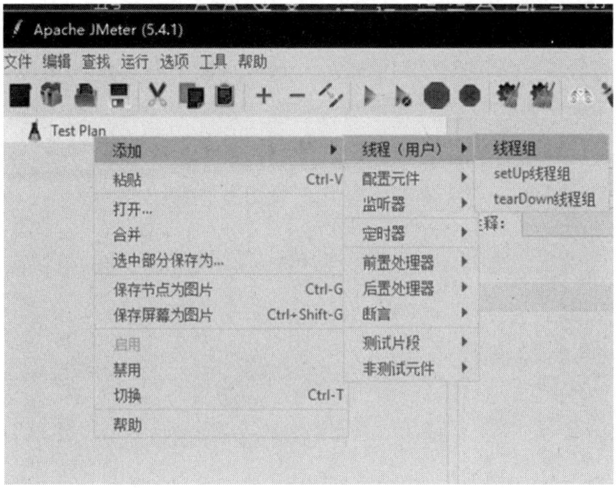

图 5-14

线程组窗口如图 5-15 所示。

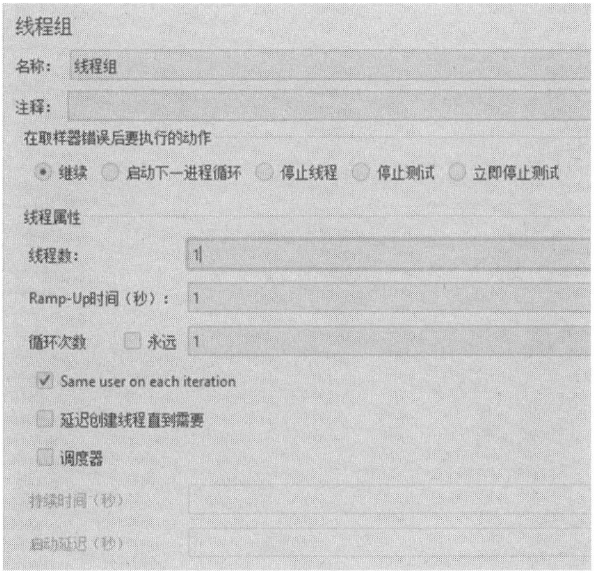

图 5-15

- 线程数：指此次测试总共开启的线程数。
- Ramp-Up 时间（秒）：表示在多长时间内开启所有的线程数。若该时间设置过长，则可能导致在刚启动时请求压力不足，平均结果不符合实际预期。若该时间设置过短，则可能导致在刚启动时请求压力过大，服务器直接崩溃。该时间应根据具体项目进行设置，通常设置为线程数的 10% 即可。

- 循环次数：指整体线程组的循环执行次数，通常请求的事务总数为线程数×循环次数。
- 调度器：需要配合"循环次数"和"永远"选项同时使用，即不按循环次数进行执行线程，而是根据时间循环所有线程。该方式为性能测试的常见方式，通常在调试完脚本之后，选择调度器增加持续时间即可。在使用调度器之后，线程会尽可能地执行，所以其总事务数没有预期，可在执行时长之后，从聚合报告上查看总事务数。

在添加线程组之后，需添加 HTTP 请求的取样器，如图 5-16 所示。

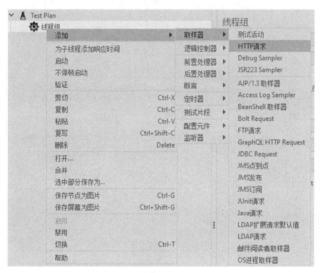

图 5-16

HTTP 请求窗口如图 5-17 所示。HTTP 请求的取样器的使用方式与 Postman 几乎没有差别，只需按规定输入相关的内容即可。

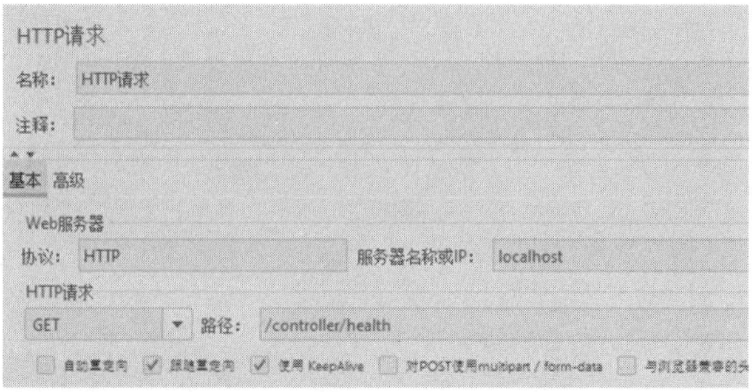

图 5-17

部分 HTTP 请求需配置 HTTP 请求头，即在 HTTP 请求头中输入 token 之类的内容。此时可在 HTTP 请求的级别下，添加 HTTP 信息头管理器配置元件，在配置元件中编写相关内容，如图 5-18

所示。

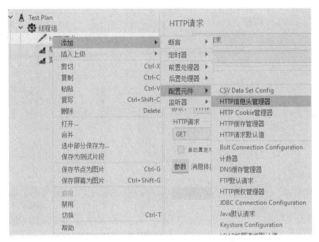

图 5-18

在针对 HTTP 请求相关内容进行配置之后，需要对整体测试结果进行监控，通常使用察看结果树和聚合报告对测试结果进行监控，如图 5-19 所示。

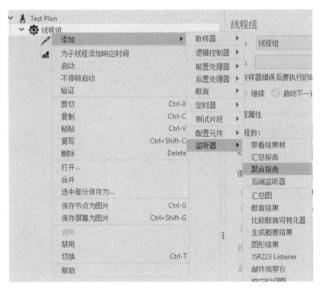

图 5-19

在察看结果树中可以看到每次请求的请求值与返回结果等相关信息。在高并发测试下，由于数据量过大，建议在察看结果树中进行配置，使其只返回错误的结果即可。

聚合报告中包含总请求事务数、中位数与百分位的响应时间、异常数量与异常所占百分比、吞吐量、接收与发送的每秒带宽占用量等。

值得注意的是，察看结果树需通常放置在 HTTP 请求的下一级别或同一级别中，而聚合报告需要与 HTTP 请求处于同一级别。这是因为如果在测试计划中包含多个 HTTP 请求，并且聚合报告处于 HTTP 请求之下，则聚合报告只返回该 HTTP 请求的响应情况，不会返回多个 HTTP 请求的整体情况。

前面已经配置好了一个包含 HTTP 请求的压力测试脚本，保存这个压力测试脚本即可。

在 GUI 模式下启动 JMeter，如图 5-20 所示。

图 5-20

察看结果树的返回结果如图 5-21 和图 5-22 所示。

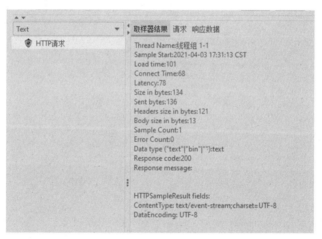

图 5-21

图 5-22

此时已确定该脚本是可以正常运行的，下面增加线程组的线程数并配置调度器，再次保存脚本，并使用非 GUI 模式（命令行模式）启动 JMeter，命令如下所示：

Jmeter -n -t E:\新桌面\新建文件夹\tes\a.jmx-lE:\新桌面\新建文件夹\tes\a.jtl

命令解析如下所示：

- -h：帮助，打印出有用的信息并退出。
- -n：在非 GUI 模式下运行 JMeter。
- -t：要运行的 JMeter 测试脚本文件。
- -l：输出日志文件，即记录结果的文件。此时所编写的为要输出的文件名称，在原来的文件夹中不需要包含这个文件。
- -r：远程执行，在 Jmter.properties 文件中指定所有远程服务器。
- -H：设置 JMeter 使用的代理主机。
- -P：设置 JMeter 使用的代理主机的端口号。

在执行 JMeter 命令后，结果如图 5-23 所示。

```
E:\tools\apache-jmeter-5.4.1\apache-jmeter-5.4.1\bin>jmeter -n -t E:\新桌面\新建文件夹\tes\a.jmx -1 E:\新桌面\新建文件夹
\tes\a.jtl
Apr 03, 2021 5:37:35 PM java.util.prefs.WindowsPreferences <init>
WARNING: Could not open/create prefs root node Software\JavaSoft\Prefs at root 0x80000002. Windows RegCreateKeyEx(...) r
eturned error code 5.
Creating summariser <summary>
Created the tree successfully using E:\新桌面\新建文件夹\tes\a.jmx
Starting standalone test @ Sat Apr 03 17:37:45 CST 2021 (1617442665059)
Waiting for possible Shutdown/StopTestNow/HeapDump/ThreadDump message on port 4445
summary +  409071 in 00:00:15 =  27865.9/s Avg:      4 Min:      0 Max:    913 Err:      0 (0.00%) Active: 1000 Started: 1000
Finished: 0
summary +  519455 in 00:00:16 =  33285.6/s Avg:      5 Min:      0 Max:    765 Err:      0 (0.00%) Active: 0 Started: 1000 Fin
ished: 1000
summary =  928526 in 00:00:30 =  30657.6/s Avg:      5 Min:      0 Max:    913 Err:      0 (0.00%)
Tidying up ...     @ Sat Apr 03 17:38:15 CST 2021 (1617442695607)
... end of run

E:\tools\apache-jmeter-5.4.1\apache-jmeter-5.4.1\bin>
```

图 5-23

生成的日志文件如图 5-24 所示，其中 a.jmx 文件为 JMeter 测试脚本文件，a.jtl 文件为 JMeter 测试报告。

名称 ^	修改日期	类型	大小
a.jmx	2021/4/3 17:34	JMX 文件	7 KB
a.jtl	2021/4/3 17:38	JTL 文件	111,954 KB

图 5-24

可通过聚合报告中的浏览按钮打开图 5-24 中生成的测试报告，如图 5-25 所示。

图 5-25

如果在编写脚本时出现错误，则可以通过选项菜单下的日志查看功能，查看 JMeter 的具体报错内容，如图 5-26 与图 5-27 所示。

图 5-26

图 5-27

5.5.2 录制性能测试脚本

录制性能测试脚本指通过在页面单击的形式，记录所有的请求信息，包括 HTTP 内响应信息与响应头等。录制性能测试脚本是性能测试过程中最常用的技术，在录制性能测试脚本之后，会对其参数进行微调，然后使用该脚本进行性能测试。

通常使用 JMeter 自带的 HTTP 代理服务器录制性能测试脚本，除此之外，还可以使用 BadBoy 工具对页面进行录制，并通过 BadBoy 工具将录制的脚本另存为.jmx 文件。下面在 JMeter 中添加 HTTP 代理服务器，如图 5-28 所示。

图 5-28

在 HTTP 代理服务器中可编写自定义的代理端口号，并在目标控制器中进行配置。目标控制器指该次录制的脚本将放置在哪个线程组中。在配置结束后单击启动按钮即可，如图 5-29 所示。

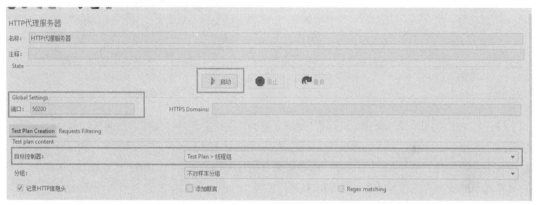

图 5-29

在搭建好 JMeter 的代理服务器之后，需配置本地计算机的 Internet 属性，增加代理服务器与刚自定义的端口号，如图 5-30 所示。此后随意单击一些页面即可看到通过代理服务器进行请求的接口都已录制到线程组中，如图 5-31 所示。

（1）编写 JMeter 脚本，一台 JMeter 模拟正常用户正在使用，另一台 JMeter 模拟登录，将模拟登录的 JMeter 性能提高一些。最后得到的 JMeter 报表即为当前应用程序可以承受的最大压力。

（2）该测试可将 JMeter 的压力开到最大，同时监控秒杀系统的 CPU 和内存是否出现异常，并定时检查不同数据源的数据是否保持数据一致性，即可得知当前秒杀系统可承载多大的压力。

（3）该测试需要服务器不断运行，在运行之后查看 JVM 的 GC 信息、CPU 与内存信息，确保程序上线后，在长时间运行的情况下，可以将使用的内存正常回收起来。很多程序在刚运行的时候是没有问题的，但是无法长时间运行，此测试就是针对这种情况进行的。

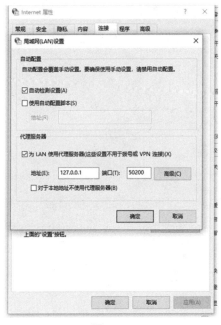

图 5-30

图 5-31

（4）该测试需要编程人员在测试过程中使用 Arthas 等相关工具，监控当前测试的接口，了解线程消耗。例如，当前使用 Redisson 操作 Redis，则需要查看 Redisson 实际开启了多少个 Thread 线程，并且每个线程消耗了多少 CPU 与内存。或查看某个接口中哪个子函数的响应速度最慢。这种优化类的测试属于细致类的工作，需要大量的时间进行排查，以提高应用程序的单节点性能（纵向优化）。

（5）可以用 JMeter 脚本录制的方式，通过 JMeter 自带的网络代理在网页上仿照正常用户单击网页即可获得完整的 JMeter 脚本，只需调整一下 JMeter 参数化传递即可。

（6）通过不同的 JMeter 插件即可完成对不同协议的测试。JMeter 官方地址包含大部分协议与工具的插件应用，并且配备了相关教程，十分方便。

（7）当单台 JMeter 无法增加更大压力时，可部署 JMeter 集群。

## 第 6 章

SQL 优化与索引优化

6.1 问题描述

在场景性能测试过程中，许多场的响应速度可能并不如人意，此时可以通过优化 SQL 的方式，对场景性能测试函数与接口进行优化。此阶段会出现的典型问题如下：

（1）在场景性能测试中，当前 SQL 是如何扫描 MySQL 的，导致返回速度特别慢？

（2）当返回速度较慢时应如何增加索引？

（3）应增加哪种类型的索引？

（4）应用程序在生产环境中运行时，是如何知道哪条 SQL 语句执行的速度较慢的？

6.2 问题分析与解决方案

针对在 6.1 节中出现的问题，完全可以通过 SQL 优化与索引优化解决。在实际工作中，如果 SQL 语句过长（甚至达到几百行或上千行），其中还增加了各种判断类的内容，这时就需要与逻辑代码配合进行更改，看看是用 Java 代码做判断速度更快一些，还是用 SQL 语句做判断速度更快一些。

如果必须优化几百行的 SQL 语句，则建议把 SQL 语句拆开测试，检测其内部每一行的运行时间，找到速度过慢处、查询数量过大处，以及没有利用索引之处，再修改 SQL 语句。

一般来说，SQL 优化是一个漫长的过程，在程序初次上线之后，SQL 语句需要不断地根据业务调整、优化。通常情况下，只要项目没有结束，SQL 优化的步骤就不能结束。

需要说明的是，网络上流传许多关于 MySQL 单表不要超过 500 万行，或者 MySQL 性能瓶颈为 2000 万行之类的文章，建议读者不要轻信，在工作中应以模拟环境为主进行测试。实际上，在不考虑返回时间、索引、并发量、返回字段数量、返回字段长度、关联表数量、硬件配置等方面的情况下，任何性能测试与基准测试的测试报告都不具备相应的参考价值。

6.3 SQL 执行计划

SQL 执行计划可以模拟优化器执行 SQL 语句，在 MySQL 5.6 及以后的版本中，除 SELECT 外，其他如 INSERT、UPDATE 和 DELETE 等均可以使用 SQL explain 查看 SQL 执行计划，从而知道 MySQL 是如何处理 SQL 语句、分析查询语句或者表结构的性能瓶颈的。

在测试之前，应制作一套表结构，以便进行测试，表结构如表 6-1 所示。

表 6-1

表　名	表 结 构
-- 商品表	CREATE TABLE `product` (　　`p_id` INT NOT NULL, 　　`p_name` VARCHAR (255) NULL, 　　`p_value` VARCHAR (255) NULL, 　　`c_id` INT NULL, 　　PRIMARY KEY (`p_id`));
-- 购物车	CREATE TABLE `shopping` (　　`s_id` INT NOT NULL, 　　`p_id` INT NULL, 　　`cl_id` INT NULL, 　　`s_date` date NULL, 　　`s_number` INT NULL, 　　PRIMARY KEY (`s_id`));
-- 客户表	CREATE TABLE `client` (　　`cl_id` INT NOT NULL, 　　`cl_name` VARCHAR (255) NULL, 　　`cl_sex` VARCHAR (255) NULL, 　　`cl_bir` VARCHAR (255) NULL, 　　PRIMARY KEY (`cl_id`));

续表

表　　名	表　结　构
-- 公司表	CREATE TABLE `company` (　　`c_id` INT auto_increment NOT NULL, 　　`c_name` VARCHAR (255) NULL, 　　`c_bir` VARCHAR (255) NULL, 　　PRIMARY KEY (`c_id`));

1. SQL 执行计划中包含的信息

SQL 执行计划中包含的信息如表 6-2 所示。

表 6-2

信　　息	描　　述
id	查询的序号，包含一组数字，表示在查询中执行 SELECT 子句或操作表的顺序： （1）id 相同，执行顺序从上往下。 （2）id 不同，id 值越大，优先级越高
select_type	查询类型： （1）SIMPLE：简单查询，查询中不包含子查询或者 UNION。 （2）PRIMARY：查询中若包含复杂的子查询，则最外层查询被标记为 PRIMARY。 （3）SUBQUERY：在 SELECT 或 WHERE 语句中包含子查询。 （4）DERIVED：在 FROM 语句中包含的子查询被标记为 DERIVED（衍生），MySQL 会递归执行这些子查询，并把结果放到临时表中。 （5）UNION：如果第二个 SELECT 语句出现在 UNION 之后，则被标记为 UNION，如果 UNION 包含在 FROM 语句的子查询中，则外层 SELECT 被标记为 DERIVED。 （6）UNION RESULT：UNION 的结果
table	输出的行所引用的表
type	联结类型，显示查询使用了何种类型。下面按照从最佳到最坏类型进行排序： （1）system：表中仅有一行（系统表）数据，这是 const 联结类型的一个特例。 （2）const：表示通过索引一次就能找到数据，const 用来比较 primary key 或者 unique 索引。因为只匹配一行数据，所以如果将主键置于 WHERE 语句中，则 MySQL 能将该查询转换为一个常量。 （3）eq_ref：唯一性索引扫描，对于每个索引键，表中只有一条记录与之匹配。常见于唯一索引或者主键扫描。

信　　息	描　　述
	（4）ref：非唯一性索引扫描，返回所有匹配某个单独值的行，本质上也是一种索引访问。它可能会找到多个符合条件的行，属于查找和扫描的混合体。 （5）range：只检索给定范围的行，通常使用一个索引来选择行。key 列显示使用了哪个索引，一般是 WHERE 语句中出现了 BETWEEN、IN 等范围查询。它比全表扫描要好，因为它开始于索引的某一个点，结束于另一个点，不用对全表进行扫描。 （6）index：index 联结类型与 ALL 联结类型的区别是，index 联结类型只遍历索引树，通常比 ALL 联结类型快，因为索引文件比数据文件小很多。 （7）ALL：遍历全表，找到匹配的行
possible_keys	指出 MySQL 使用哪个索引能在该表中找到行
key	显示 MySQL 实际决定使用的键（索引）。如果没有选择索引，则键是 NULL。在查询中如果使用覆盖索引，则该索引和查询的 SELECT 字段重叠
key_len	表示索引中使用的字节数，在不损失精度的情况下，该列计算查询中使用的索引长度越短越好。如果键是 NULL，则长度为 NULL。该字段显示索引字段的最大可能长度，并非实际使用长度
ref	表示上述表的连接匹配条件，即哪些列或常量被用于查找索引列上的值
rows	根据表统计信息及索引选用情况，大致估算出为找到某条记录需要读取的行数
Extra	（1）using filesort：说明 MySQL 会对数据使用一个外部的索引排序。而不是按照表内的索引顺序进行读取。在 MySQL 中，无法利用索引完成排序的操作称为"文件排序"。 （2）using temporary：使用了临时表保存中间结果，MySQL 在查询结果排序时会使用临时表。常见于排序 ORDER BY 和分组查询 GROUP BY。 （3）using index：表示相应的 SELECT 操作中使用覆盖索引，避免访问了表的数据行。如果同时出现 using where，则表名索引被用来查找索引键值；如果没有同时出现 using where，则表名索引被用来读取数据而非执行查询动作。 （4）using where：使用 WHERE 过滤。 （5）using join buffer：使用连接缓存。 （6）impossible where：WHERE 子句的值总是 false，不能用来获取任何元组。 （7）select tables optimized away：在没有 GROUP BY 子句的情况下，基于索引优化 min、max 操作，或者对于 MyISAM 存储引擎优化 count（*），不必等到执行阶段再进行计算，在查询执行计划生成的阶段即完成优化。 （8）distinct：在找到第一个匹配的元组后立即停止找同样值的动作

2．全表查询

（1）SQL 语句：

```
SELECT
    *
FROM
    client;
```

执行结果如图 6-1 所示。

```
+-------+-----------+--------+------------+
| cl_id | cl_name   | cl_sex | cl_bir     |
+-------+-----------+--------+------------+
|     1 | 赵钱孙李  | 1      | 1994-04-05 |
|     2 | 周吴郑王  | 1      | 1995-04-05 |
|     3 | 冯陈褚卫  | 1      | 1996-04-05 |
|     4 | 蒋沈韩杨  | 2      | 1997-04-05 |
|     5 | 朱秦尤许  | 2      | 1998-04-05 |
|     6 | 何吕施张  | 2      | 1999-04-05 |
+-------+-----------+--------+------------+
6 rows in set (0.00 sec)
```

图 6-1

（2）SQL 执行计划语句：

```
EXPLAIN EXTENDED SELECT
    *
FROM
    client;
```

执行结果如图 6-2 所示。

```
+----+-------------+--------+------+---------------+------+---------+------+------+----------+-------+
| id | select_type | table  | type | possible_keys | key  | key_len | ref  | rows | filtered | Extra |
+----+-------------+--------+------+---------------+------+---------+------+------+----------+-------+
|  1 | SIMPLE      | client | ALL  | NULL          | NULL | NULL    | NULL |    6 |   100.00 |       |
+----+-------------+--------+------+---------------+------+---------+------+------+----------+-------+
1 row in set, 1 warning (0.00 sec)
```

图 6-2

下面分析执行过程：

① 通过 select_type 字段可以看出，查询类型为 SIMPLE，即查询中不包含子查询或者 UNION。

② 通过 type 字段可以看出，联结类型为 ALL，即全表查询。

③ 通过 possible_keys、key、key_len 和 ref 字段可以看出，该查询未使用任何索引。

④ 通过 rows 字段可以看出，该查询为全表扫描后的第 6 条数据。

（3）下面使用 SHOW WARNINGS 命令简单优化一下 SQL 查询语句：

```
SHOW WARNINGS;
```

优化后的 SQL 查询语句如下所示：

```
SELECT
    `test`.`client`.`cl_id` AS `cl_id`,
    `test`.`client`.`cl_name` AS `cl_name`,
    `test`.`client`.`cl_sex` AS `cl_sex`,
    `test`.`client`.`cl_bir` AS `cl_bir`
FROM
    `test`.`client`;
```

执行结果如图 6-3 所示。

```
+----+-------------+--------+------+---------------+------+---------+------+------+----------+-------+
| id | select_type | table  | type | possible_keys | key  | key_len | ref  | rows | filtered | Extra |
+----+-------------+--------+------+---------------+------+---------+------+------+----------+-------+
|  1 | SIMPLE      | client | ALL  | NULL          | NULL | NULL    | NULL |    6 |   100.00 |       |
+----+-------------+--------+------+---------------+------+---------+------+------+----------+-------+
1 row in set, 1 warning (0.00 sec)
```

图 6-3

图 6-3 与图 6-2 内容完全相同，由此可见，SHOW WARNINGS 命令并没有对 SQL 语句进行优化，使用的依旧是全表扫描，且无索引。因而在实际工作中，不要把 SHOW WARNINGS 命令作为优化语句的方式，SHOW WARNINGS 命令并不是特别智能。

3. 主键索引

（1）使用主键索引的 SQL 语句如下所示：

```
EXPLAIN EXTENDED SELECT
    *
FROM
    client c
WHERE
    c.cli_id = "1";
```

执行结果如图 6-4 所示。

```
+----+-------------+-------+-------+---------------+---------+---------+-------+------+----------+-------+
| id | select_type | table | type  | possible_keys | key     | key_len | ref   | rows | filtered | Extra |
+----+-------------+-------+-------+---------------+---------+---------+-------+------+----------+-------+
|  1 | SIMPLE      | c     | const | PRIMARY       | PRIMARY | 4       | const |    1 |   100.00 |       |
+----+-------------+-------+-------+---------------+---------+---------+-------+------+----------+-------+
1 row in set, 1 warning (0.00 sec)
```

图 6-4

（2）下面分析执行过程：

① 通过 select_type 字段可以看出，查询类型为 SIMPLE，即查询中不包含子查询或者 UNION。

② 通过 type 字段可以看出，联结类型为 const。因为只匹配一行数据，所以如果将主键置于 WHERE 语句中，则 MySQL 能将该查询转换为一个常量。

③ 通过 key 字段可以看出，该查询使用了 PRIMARY 主键索引，索引的字节数（key_len）为 4。

④ 通过 ref 字段可以看出，该查询使用了 const 联结类型的一个常量。

⑤ 通过 rows 字段可以看出，该查询只查询了 1 行。

4. UNION 查询

（1）使用 UNION 查询的 SQL 语句如下所示：

```
EXPLAIN EXTENDED SELECT
    *
FROM
    client c
WHERE
    c.cl_id = "1"

UNION
    SELECT
            *
    FROM
            client c2;
```

执行结果如图 6-5 所示。

```
+------+--------------+-----------+-------+---------------+---------+---------+-------+------+----------+-------+
| id   | select_type  | table     | type  | possible_keys | key     | key_len | ref   | rows | filtered | Extra |
+------+--------------+-----------+-------+---------------+---------+---------+-------+------+----------+-------+
|  1   | PRIMARY      | c         | const | PRIMARY       | PRIMARY | 4       | const |  1   | 100.00   |       |
|  2   | UNION        | c2        | ALL   | NULL          | NULL    | NULL    | NULL  |  6   | 100.00   |       |
| NULL | UNION RESULT | <union1,2>| ALL   | NULL          | NULL    | NULL    | NULL  | NULL |     NULL |       |
+------+--------------+-----------+-------+---------------+---------+---------+-------+------+----------+-------+
3 rows in set, 1 warning (0.00 sec)
```

图 6-5

（2）下面分析执行过程：

从 select_type 字段可以看出，该查询不是简单查询。第一条 SQL 语句是通过主键索引进行查找的，第二条语句是通过全表查询进行查找的。第三条语句通过 UNION 字段拼接到第一条语句中，此时，只有优化每一条拼接之前的 SQL 语句，才能保证最终的查询效率。

5. 左连接查询

（1）使用左连接查询的 SQL 语句如下所示：

```
EXPLATN EXTENDED SELECT
    s.p_id,
    c.cl_name
FROM
    shopping s
LEFT JOIN client c ON s.cl_id = c.cl_id;
```

执行结果如图 6-6 所示。

```
+----+-------------+-------+--------+---------------+---------+---------+-------------+------+----------+-------+
| id | select_type | table | type   | possible_keys | key     | key_len | ref         | rows | filtered | Extra |
+----+-------------+-------+--------+---------------+---------+---------+-------------+------+----------+-------+
|  1 | SIMPLE      | s     | ALL    | NULL          | NULL    | NULL    | NULL        |   11 |   100.00 |       |
|  1 | SIMPLE      | c     | eq_ref | PRIMARY       | PRIMARY | 4       | test.s.cl_id |   1 |   100.00 |       |
+----+-------------+-------+--------+---------------+---------+---------+-------------+------+----------+-------+
2 rows in set, 1 warning (0.00 sec)
```

图 6-6

（2）下面分析执行过程：

这里的左连接查询是由 shopping 表（购物车表）和 client 表（客户表）组合而成的。从 select_type 字段可以看出，这里的左连接查询为两次普通查询，其中，shopping 表执行的是全表查询。因为 LEFT JOIN 子句中用到的 cl_id 在 shopping 表中为普通值，而在 client 表中为主键索引，所以在该左连接查询中，client 表没有全文索引，是依靠主键进行索引的。

6. 复杂左连接查询

（1）使用复杂左连接查询的 SQL 语句如下所示：

```
--查询购买"111"号商品数量最多的用户姓名和购买数量，以及"111"号商品公司的创建日期
EXPLAIN EXTENDED SELECT
    max(s.s_number),
    c2.cl_name,
    c1.c_bir
FROM
    shopping s
LEFT JOIN product p1 ON s.p_id = p1.p_id
LEFT JOIN company c1 ON c1.c_id = p1.c_id
LEFT JOIN client c2 ON c2.cl_id = s.cl_id;
```

执行结果如图 6-7 所示。

```
+----+-------------+-------+--------+---------------+---------+---------+-------------+------+----------+-------+
| id | select_type | table | type   | possible_keys | key     | key_len | ref         | rows | filtered | Extra |
+----+-------------+-------+--------+---------------+---------+---------+-------------+------+----------+-------+
|  1 | SIMPLE      | s     | ALL    | NULL          | NULL    | NULL    | NULL        |   11 |   100.00 |       |
|  1 | SIMPLE      | p1    | eq_ref | PRIMARY       | PRIMARY | 4       | test.s.p_id |    1 |   100.00 |       |
|  1 | SIMPLE      | c1    | eq_ref | PRIMARY       | PRIMARY | 4       | test.p1.c_id|    1 |   100.00 |       |
|  1 | SIMPLE      | c2    | eq_ref | PRIMARY       | PRIMARY | 4       | test.s.c1_id|    1 |   100.00 |       |
+----+-------------+-------+--------+---------------+---------+---------+-------------+------+----------+-------+
4 rows in set, 1 warning (0.00 sec)
```

图 6-7

（2）下面分析执行过程：

除 shopping 表外，其他表都是主键索引。在执行过程中，不同的查询方式可以生成不同的查询计划，但是因为查询的过程不同，所以返回的时间也不同。例如，UNION 查询与左连接查询在某些不同的语句中虽然可以返回相同的结果集，但返回的时间并不相同。在复杂左连接查询中，从 ref 字段可以很清晰地看到在查询时用了哪一列索引。

因篇幅有限，对其他查询方式感兴趣的读者可以自行测试。

6.4　SQL 优化与索引优化实战

6.4.1　SQL 索引优化

1. MySQL 中的索引类型

在 MySQL 中一共有 5 种常用索引，分别是普通索引、唯一索引、主键索引、组合索引和全文索引。

（1）普通索引：仅加速查询。

（2）唯一索引：加速查询 + 列值唯一（可以有 null）。

（3）主键索引：加速查询 + 列值唯一（不可以有 null）+ 表中只有一个主键。

（4）组合索引：多列值组成一个索引，专门用于组合搜索。

（5）全文索引：对文本的内容先分词，再搜索。

2. 使用普通索引前后的区别

在没有普通索引时，shopping 表使用如下语句执行 SQL 执行计划：

```
explain select * from shopping s1 where s1.cl_id='1' limit 10;
```

执行结果如图 6-8 所示。

```
mysql> explain  select * from shopping s1 where s1.cl_id='1' limit 10;
+----+-------------+-------+------+---------------+------+---------+------+------+-------------+
| id | select_type | table | type | possible_keys | key  | key_len | ref  | rows | Extra       |
+----+-------------+-------+------+---------------+------+---------+------+------+-------------+
|  1 | SIMPLE      | s1    | ALL  | NULL          | NULL | NULL    | NULL |   11 | Using where |
+----+-------------+-------+------+---------------+------+---------+------+------+-------------+
1 row in set (0.00 sec)
```

图 6-8

增加普通索引：

```
create index sh_cl_index on shopping (cl_id);
# 除上述语句外，还可以使用 ALTER 方式增加普通索引：
ALTER TABLE `shopping` ADD INDEX index_name (`cl_id`);
```

增加普通索引后的执行结果如图 6-9 所示。

```
mysql> explain  select * from shopping s1 where s1.cl_id='1' limit 10;
+----+-------------+-------+------+---------------+-------------+---------+-------+------+-------------+
| id | select_type | table | type | possible_keys | key         | key_len | ref   | rows | Extra       |
+----+-------------+-------+------+---------------+-------------+---------+-------+------+-------------+
|  1 | SIMPLE      | s1    | ref  | sh_cl_index   | sh_cl_index | 5       | const |    5 | Using where |
+----+-------------+-------+------+---------------+-------------+---------+-------+------+-------------+
1 row in set (0.00 sec)
```

图 6-9

普通索引的最终目的是使 rows 字段中的数值减少，由原本所需执行的 11 次扫描减少到 5 次扫描。所需执行的次数越少，SQL 查询速度越快。在 MySQL 中，普通索引的作用就是提升查询速度。

3. 使用唯一索引前后的区别

当没有索引时，company 表使用如下语句执行 SQL 执行计划：

```
explain select * from company c where c.c_name= '公司 1';
```

执行结果如图 6-10 所示。

```
mysql> explain select * from company c where c.c_name='公司1';
+----+-------------+-------+------+---------------+------+---------+------+------+-------------+
| id | select_type | table | type | possible_keys | key  | key_len | ref  | rows | Extra       |
+----+-------------+-------+------+---------------+------+---------+------+------+-------------+
|  1 | SIMPLE      | c     | ALL  | NULL          | NULL | NULL    | NULL |    4 | Using where |
+----+-------------+-------+------+---------------+------+---------+------+------+-------------+
1 row in set (0.00 sec)
```

图 6-10

增加唯一索引：

```
ALTER TABLE `company` ADD UNIQUE (`c_name`);
```

增加唯一索引后的执行结果如图 6-11 所示。

```
mysql> explain select * from company c where c.c_name= '公司1';
+----+-------------+-------+-------+---------------+--------+---------+-------+------+-------+
| id | select_type | table | type  | possible_keys | key    | key_len | ref   | rows | Extra |
+----+-------------+-------+-------+---------------+--------+---------+-------+------+-------+
|  1 | SIMPLE      | c     | const | c_name        | c_name | 768     | const |  1   |       |
+----+-------------+-------+-------+---------------+--------+---------+-------+------+-------+
1 row in set (0.00 sec)
```

图 6-11

通过对比图 6-10 和图 6-11 可以看出，原本需要扫描 4 条数据，由于增加了唯一索引，所以后续 WHERE 语句在根据 c_name 进行查询时，只需扫描 1 条数据即可直接返回结果。

与其他索引相比，唯一索引的使用率不是很高，这是因为唯一索引类似于主键索引，在列值唯一的基础上，要求的条件比较苛刻，所以在部分场景中并不是十分适用。

但是与普通索引相比，唯一索引的效率更高，若场景适用，建议优先考虑。

4. 使用组合索引前后的区别

在 shopping 表中，cl_id 为普通索引，此时使用如下语句执行 SQL 执行计划：

```
explain select * from shopping s where s.cl_id ='1' and s.p_id='111';
```

执行结果如图 6-12 所示。

```
mysql> explain select * from shopping s where s.cl_id ='1' and s.p_id='111';
+----+-------------+-------+------+---------------------+------------+---------+-------+------+-------------+
| id | select_type | table | type | possible_keys       | key        | key_len | ref   | rows | Extra       |
+----+-------------+-------+------+---------------------+------------+---------+-------+------+-------------+
|  1 | SIMPLE      | s     | ref  | sh_cl_index,index_name | sh_cl_index | 5     | const |  5   | Using where |
+----+-------------+-------+------+---------------------+------------+---------+-------+------+-------------+
1 row in set (0.00 sec)
```

图 6-12

增加组合索引：

```
ALTER TABLE `shopping` ADD INDEX index_name (`p_id`);
```

因为原本 shopping 表里已经有 cl_id 作为普通索引，所以此时又增加普通索引 p_id，若在 WHERE 语句中同时使用了 cl_id 和 p_id 两个字段，则说明是将两个索引作为组合索引使用的。

增加组合索引后，可将执行计划的结果制作成表格，如表 6-3 所示。

表 6-3

属 性	参 数
id	1
select_type	SIMPLE
table	s
type	index_merge
possible_keys	sh_cl_index,index_name
key	index_name,sh_cl_index
key_len	5,5
ref	NULL
rows	1
Extra	Using intersect(index_name,sh_cl_index); Using where

从表 6-3 中可以看出，在使用组合索引之后，rows 字段中的值由 5 变成了 1。

5. 使用全文索引前后的区别

MySQL 的全文索引主要用于 TEXT 类型，TEXT 类型一般分为 TINYTEXT（255 字节）、TEXT（65535 字节）、MEDIUMTEXT（int 最大值为 16MB）和 LONGTEXT（long 最大值为 4GB）四种，它被用来存储非二进制字符集。二进制字符集使用 Blob 类型的字段来存储。全文索引可以用来匹配 TEXT 文本内的数据。执行 SQL 查询（此时未增加全文索引）语句：

```
explain select * from company c where c.c_value='不好';
```

执行结果如图 6-13 所示。

```
mysql> explain select * from company c where c.c_value='公司不好';
+----+-------------+-------+------+---------------+------+---------+------+------+-------------+
| id | select_type | table | type | possible_keys | key  | key_len | ref  | rows | Extra       |
+----+-------------+-------+------+---------------+------+---------+------+------+-------------+
|  1 | SIMPLE      | c     | ALL  | NULL          | NULL | NULL    | NULL |    4 | Using where |
+----+-------------+-------+------+---------------+------+---------+------+------+-------------+
1 row in set (0.00 sec)
```

图 6-13

增加全文索引：

```
CREATE FULLTEXT INDEX com_index_value ON `company` (`c_value`)
# 除上述语句外，还可以使用 ALTER 方式增加全文索引：
ALTER TABLE `company` ADD FULLTEXT com_index_value (`c_value`)
```

增加全文索引后可能会报错，如下所示：

ERROR 1214 (HY000): The used table type doesn't support FULLTEXT indexes

错误截图如图 6-14 所示。

```
mysql> explain SELECT * FROM `company` WHERE MATCH(`c_value`) AGAINST('不好');
ERROR 1214 (HY000): The used table type doesn't support FULLTEXT indexes
mysql>
```

图 6-14

该错误原因是全文索引只支持 MyISAM 引擎，修改引擎为 MyISAM，代码如下所示：

alter table company ENGINE = MyISAM;

再次执行 SQL 查询（此时已增加全文索引）语句：

explain SELECT * FROM `company` WHERE MATCH(`c_value`) AGAINST('不好');

执行结果如图 6-15 所示。

```
mysql> explain SELECT * FROM `company` WHERE MATCH(`c_value`) AGAINST('不好');
+----+-------------+---------+----------+---------------+---------------+---------+-----+------+-------------+
| id | select_type | table   | type     | possible_keys | key           | key_len | ref | rows | Extra       |
+----+-------------+---------+----------+---------------+---------------+---------+-----+------+-------------+
|  1 | SIMPLE      | company | fulltext | com_index_value | com_index_value | 0     |     |    1 | Using where |
+----+-------------+---------+----------+---------------+---------------+---------+-----+------+-------------+
1 row in set (0.00 sec)
```

图 6-15

6.4.2 分页查询优化

首先将 client 表中的数据增加到 1800 万条，并进行分页查询，结果如图 6-16 所示。

```
mysql> insert into company select null,c_name,c_bir from company limit 2200000;
Query OK, 2200000 rows affected (47.88 sec)
Records: 2200000  Duplicates: 0  Warnings: 0

mysql> select count(1) from company;
+----------+
| count(1) |
+----------+
| 17928640 |
+----------+
1 row in set (0.05 sec)
```

图 6-16

使用如下语句执行分页查询：

explain select * from company limit 3000000,3000;

执行结果如图 6-17 所示。

```
mysql> explain select * from company limit 3000000,3000;
+----+-------------+---------+------+---------------+------+---------+------+----------+-------+
| id | select_type | table   | type | possible_keys | key  | key_len | ref  | rows     | Extra |
+----+-------------+---------+------+---------------+------+---------+------+----------+-------+
|  1 | SIMPLE      | company | ALL  | NULL          | NULL | NULL    | NULL | 17928640 |       |
+----+-------------+---------+------+---------------+------+---------+------+----------+-------+
1 row in set (0.01 sec)
```

图 6-17

可以看到传统写法下的分页查询进行了全表扫描，经历了全部的行数，随着 limit M,N 值的增大，分页速度会越来越慢。

分页速度变慢的原因是 MySQL 会读取表中前面所有的数据，然后逐步排查到 M,N 位置。所以 M 值越大，其性能越差。

此时可以使用优化后的分页查询 SQL 语句：

explain select * from (select c_id from company limit 1000000,3000) b, company a where b.c_id = a.c_id;

执行结果如图 6-18 所示。

```
mysql> explain select * from (select c_id from company limit 1000000,3000) b, company a where b.c_id = a.c_id;
+----+-------------+-------------+--------+---------------+---------+---------+--------+----------+-------------+
| id | select_type | table       | type   | possible_keys | key     | key_len | ref    | rows     | Extra       |
+----+-------------+-------------+--------+---------------+---------+---------+--------+----------+-------------+
|  1 | PRIMARY     | <derived2>  | ALL    | NULL          | NULL    | NULL    | NULL   | 3000     |             |
|  1 | PRIMARY     | a           | eq_ref | PRIMARY       | PRIMARY | 4       | b.c_id | 1        |             |
|  2 | DERIVED     | company     | index  | NULL          | PRIMARY | 4       | NULL   | 17928640 | Using index |
+----+-------------+-------------+--------+---------------+---------+---------+--------+----------+-------------+
3 rows in set (0.17 sec)
```

图 6-18

优化后的分页查询写法，会先查询分页中需要的 N 条数据的主键值（c_id），再根据主键值进行回表查询，即查询所需要的 N 条数据。此过程由主键索引完成。可以看出，当 type=ALL 时，rows=3000，效率完全不同。按照类似写法，还可以优化子查询，或根据其他索引优化分页查询。

6.4.3 慢 SQL 日志分析工具 mysqldumpslow

当分析 MySQL 性能时，经常需要查看数据库的哪些 SQL 语句有问题或者效率较低，这时就用到了数据库的慢查询，它会记录所有执行超过 long_query_time 时间的 SQL 语句，以便对这些 SQL 语句进行优化。

常用的慢 SQL 日志分析工具及命令包含 mysqldumpslow、mysqlsla、mysql-explain-slow-log、mysql-log-filter 和 myprofi 等，其区别如表 6-4 所示。

表 6-4

工具 / 命令	一般统计信息	高级统计信息	脚　　本	优　　势
mysqldumpslow	支持	不支持	Perl	MySQL 官方自带
mysqlsla	支持	支持	Perl	功能强大，数据报表齐全，定制化能力强
mysql-explain-slow-log	支持	不支持	Perl	无
mysql-log-filter	支持	部分支持	Python / PHP	在不丧失功能的前提下，保持输出简洁
myprofi	支持	不支持	PHP	非常精简

1. mysqldumpslow 的使用方法

（1）查找 mysqldumpslow 的存在路径，命令如下所示：

```
>find / -name mysqldumpslow
```

结果如图 6-19 所示。

```
[root@bogon /]# find / -name mysqldumpslow
/usr/bin/mysqldumpslow
[root@bogon /]#
```

图 6-19

（2）检查 MySQL 慢查询是否开启，SQL 语句如下所示：

```
show variables like "%slow%";
```

结果如图 6-20 所示。

```
mysql> show variables like "%slow%";
+---------------------+-------------------------------+
| Variable_name       | Value                         |
+---------------------+-------------------------------+
| log_slow_queries    | OFF                           |
| slow_launch_time    | 2                             |
| slow_query_log      | OFF                           |
| slow_query_log_file | /var/run/mysqld/mysqld-slow.log |
+---------------------+-------------------------------+
4 rows in set (0.02 sec)
```

图 6-20

（3）开启 MySQL 慢查询，需要修改/etc/my.cnf 文件中的[mysqld]代码块。/etc/my.cnf 文件内容如下所示：

```
>vim /etc/my.cnf
[mysqld]
datadir=/var/lib/mysql
socket=/var/lib/mysql/mysql.sock
user=mysql
# Disabling symbolic-links is recommended to prevent assorted security risks
symbolic-links=0
default-character-set=utf8
slow_query_log=1
long_query_time=0.0001
log_queries_not_using_indexes=1
[mysqld_safe]
log-error=/var/log/mysqld.log
pid-file=/var/run/mysqld/mysqld.pid
```

配置释义：

```
slow_query_log=1                    #开启慢查询日志
long_query_time=1                   #查询超过多长时间记录
log_queries_not_using_indexes=1     #记录没有索引的查询
show_query_log_file                 #慢 SQL 日志文件存放位置
> service mysqld restart
```

（4）重启之后再次检查 MySQL 慢查询是否开启，结果如图 6-21 所示。

```
mysql> show variables like "%slow%";
+--------------------+--------------------------------+
| Variable_name      | Value                          |
+--------------------+--------------------------------+
| log_slow_queries   | ON                             |
| slow_launch_time   | 2                              |
| slow_query_log     | ON                             |
| slow_query_log_file | /var/run/mysqld/mysqld-slow.log |
+--------------------+--------------------------------+
4 rows in set (0.00 sec)

mysql> █
```

图 6-21

（5）执行命令检查延时多少秒后返回的 SQL 语句被当作慢 SQL 被记录，SQL 语句如下所示：

show variables like "%long%";

执行结果如图 6-22 所示。

```
mysql> show variables like "%long%";
+---------------------+----------+
| Variable_name       | Value    |
+---------------------+----------+
| long_query_time     | 0.000100 |
| max_long_data_size  | 1048576  |
+---------------------+----------+
2 rows in set (0.00 sec)
```

图 6-22

从图 6-22 中可以看到，long_query_time 即是刚刚设置的值，0.0001 秒以上的 SQL 语句都算作慢 SQL，会被记录到日志中。

（6）执行一些慢 SQL 语句查询，以便日志记录：

```
select * from company limit 3000000,3000;
select * from company limit 3000000,4000;
select * from company limit 3000000,5000;
```

（7）mysqldumpslow 工具的命令释义如下：

- -h：查看帮助信息。
- -r：返回记录。
- -t：返回前面多少条记录。
- -g：正则表达式，表达式需要用双引号括起来，不区分大小写。
- -s：排序参数，该参数包含如下子参数。
    - ◆ c：相同查询以查询条数和从大到小排序。
    - ◆ t：以查询总时间的方式从大到小排序。
    - ◆ l：以查询锁的总时间的方式从大到小排序。
    - ◆ at：以查询平均时间的方式从大到小排序。
    - ◆ al：以查询锁平均时间的方式从大到小排序。
    - ◆ ar：以平均返回记录时间的方式从大到小排序。

（8）mysqldumpslow 的基本语句如下：

```
mysqldumpslow -s c /var/run/mysqld/mysqld-slow.log
```

执行结果如图 6-23 所示。

```
[root@bogon /]# mysqldumpslow -s c /var/run/mysqld/mysqld-slow.log

Reading mysql slow query log from /var/run/mysqld/mysqld-slow.log
Count: 9  Time=0.52s (4s)  Lock=0.00s (0s)  Rows=15000.0 (135000), root[root]@localhost
  select * from company limit N,N

Count: 2  Time=0.06s (0s)  Lock=0.00s (0s)  Rows=0.0 (0), root[root]@localhost


Count: 1  Time=0.01s (0s)  Lock=0.00s (0s)  Rows=1.0 (1), root[root]@localhost
  #

Count: 1  Time=33.71s (33s)  Lock=0.00s (0s)  Rows=17928646.0 (17928646), root[root]@localhost
  select * from company

Count: 1  Time=0.00s (0s)  Lock=0.00s (0s)  Rows=0.0 (0), 0users@0hosts
  administrator command: Init DB

Count: 1  Time=0.00s (0s)  Lock=0.00s (0s)  Rows=2.0 (2), root[root]@localhost
  show variables like "S"

Count: 1  Time=0.00s (0s)  Lock=0.00s (0s)  Rows=1.0 (1), root[root]@localhost
  select @@version_comment limit N
```

图 6-23

从图 6-23 中可以看出，select * from company limit N,N 已经被记录在慢 SQL 日志查询中，至此可以对该语句进行优化。

（9）使用 mysqldumpslow 查询包含"id"参数的慢 SQL 语句：

mysqldumpslow -s c -g "id" /var/run/mysqld/mysqld-slow.log

（10）使用 mysqldumpslow 查询包含"left join"参数的慢 SQL 语句：

mysqldumpslow -s c -g " left join" /var/run/mysqld/mysqld-slow.log

（11）使用 mysqldumpslow 查询访问次数最多的 10 条 SQL 语句：

mysqldumpslow -s c -t 10 /var/run/mysqld/mysqld-slow.log

（12）使用 mysqldumpslow 查询返回记录最多的 20 条 SQL 语句：

mysqldumpslow -s c -r 20 /var/run/mysqld/mysqld-slow.log

2. 慢 SQL 日志使用注意事项

开启慢 SQL 日志会导致 MySQL 的性能损耗直线飙升，很有可能导致 MySQL 性能不足、增删改查速度过慢或出错等情况。

对于需要大量并发和 I/O 的 MySQL 来说，开启慢 SQL 日志的影响可能远高于理论上的影响，所以尽可能不要在生产环境中开启慢 SQL 日志，优化工作宜放在测试环境中进行。

如果在测试环境中无法复现生产中的问题，则可以在 MySQL 集群环境下单击某个节点进行测试，以免引发重大的生产事故。

## 第 7 章

MySQL 主从复制

7.1 问题描述

在程序上线运行一段时间之后,随着用户量的逐渐增多,单台 MySQL 开始无法承受所有的压力,为了承载更大的数据库并发,避免单台 MySQL 宕机,即无法正常提供服务,出现整体应用程序崩溃的情况,此时需要使用 MySQL 集群,此阶段会出现的典型问题如下:

(1) 在生产环境中,当 MySQL 处于运行状态时应如何备份当前数据?

(2) 在某场景下,某个接口需要锁表以便修改数据,而其他读取的线程都处于阻塞等待状态,此时应如何对其进行优化?

(3) 并发读取越来越多,单台无法满足业务需求,如何进行处理?

7.2 问题分析与解决方案

针对在 7.1 节中提出的问题,都可以使用 MySQL 主从复制解决。MySQL 主从复制是最常见的解决单台 MySQL 性能瓶颈的方案之一。在业务复杂的系统中,架构的发展导致业务量越来越大、I/O 访问次数越来越多,单台 MySQL 开始无法满足需求,此时就需要做多库的存储,以便降低磁盘 I/O 的访问次数,提高单台 I/O 的访问性能。

7.3 MySQL 主从复制原理

MySQL 主从复制指我们可以把数据从一个 MySQL 服务器(主服务器、主节点)复制到一个或多个从节点,即从节点可以复制主服务器中的所有数据库实例、特定数据库实例或特定表等。MySQL 默认采用异步的复制方式,也就是说,从节点无须一直访问主服务器,而是可以在远程服务器上更新自己的数据。

主服务器也叫作 master 服务器。当主服务器上的数据发生改变时，主服务器会将数据的更改记录存储在二进制日志中。

从服务器也叫作 slave 服务器。从服务器会定期对主服务器上的二进制日志进行探测，观测其是否发生了改变。如果主服务器上的数据发生了改变，则从服务器会启动一个 I/O 线程，请求更新数据，具体过程如下所示：

（1）客户端 SQL 更新命令。

（2）主服务器执行 SQL 语句。

（3）主服务器写二进制日志。

（4）从服务器启动 I/O 线程。

（5）从服务器从 I/O 线程写盘（relay-log）。

（6）从服务器启动 SQL 线程读（relay-log）。

（7）从服务器执行更新命令（relay-info）。

1. 部署过程中需要注意的事项

（1）主服务器和从服务器中的 MySQL 版本必须相同，否则可能出现未知的异常与错误。

（2）主服务器和从服务器的时间必须同步，否则两个线程的时间节点可能对不上，导致同步数据失败。

（3）在 MySQL 中，一般最少包含两个从服务器。当主服务器与从服务器的数据不同时，可以与第三方进行参照。

2. MySQL 主从复制的架构拓扑

（1）一主一从：一主一从指一台服务器作为主服务器（M），另一台服务器作为从服务器（S）。主服务器负责写入或读取数据，从服务器只负责读取数据，并且从服务器会从主服务器上下载数据。一主一从使用场景较为有限，更多的时候是使用一主多从的形式，即主从复制至少由三台服务器组成（一台主服务器和两台从服务器）。当一台服务器的数据出现异常时，可以参考其他服务器上的数据。

（2）主主复制：主主复制类似于常见的集群模式，指把两台服务器都设置为主服务器，即两台服务器既可以分别写入数据，也可以分别从对方那里下载数据。该架构还可以扩展成 master+slave+master+slave 的形式，即两台主服务器进行主主复制，每台主服务器下面各有一台个人服务器进行主从复制。此架构方案将压力平分给多台服务器，但不是按照写入或读取的方式分配的。

（3）一主多从：一主多从适合写入较少，但读取较多的场景。

（4）多主一从：多主一从适用于写入较多，但读取较少的场景，即由不同的主服务器进行写入，只由一台从服务器进行读取。

（5）联级复制：联级复制指 master A→slave B→slave C 的架构方式，slaveB 和 slaveC，会替换掉之前旧的 masterA。同时，slaveB 和 slaveC 是新的主从关系，因此，配置成联级复制来迁移数据，另外也方便切换。架构图如图 7-1 所示。

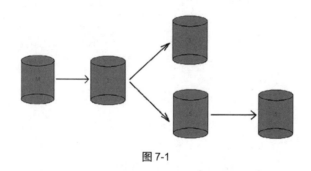

图 7-1

7.4　深入理解 MySQL 中的二进制日志

MySQL 中的二进制日志是一个二进制文件，主要用于记录修改数据或有可能引起数据变更的 SQL 语句。二进制日志记录了对 MySQL 进行更改的所有操作，并且记录了语句发生时间、执行时长、操作数据等其他额外信息，但是它不记录 SELECT、SHOW 等那些不修改数据的 SQL 语句。二进制日志主要用于数据库恢复和主从复制，以及审计操作。在 MySQL 主从复制解决方案中，二进制日志是主从复制解决方案的基础。

7.4.1　查看 MySQL 二进制日志状态

当系统变量 log_bin 的值为 OFF 时，表示没有开启二进制日志；当系统变量 log_bin 的值为 ON 时，表示开启了二进制日志。在 MySQL 控制台输入如下命令即可查看二进制日志是否开启：

```
show variables like 'log_bin';
```

结果如图 7-2 所示。

```
mysql> show variables like 'log_bin';
+---------------+-------+
| Variable_name | Value |
+---------------+-------+
| log_bin       | OFF   |
+---------------+-------+
1 row in set (0.00 sec)
```

图 7-2

模糊查询命令如下：

show variables like '%log_bin%';

结果如图 7-3 所示。

```
mysql> show variables like '%log_bin%';
+---------------------------------+-------+
| Variable_name                   | Value |
+---------------------------------+-------+
| log_bin                         | OFF   |
| log_bin_trust_function_creators | OFF   |
| log_bin_trust_routine_creators  | OFF   |
| sql_log_bin                     | ON    |
+---------------------------------+-------+
4 rows in set (0.00 sec)
```

图 7-3

7.4.2　log_bin 和 sql_log_bin 的区别

log_bin 主要用于数据恢复，以及在主从服务器之间同步数据。当 MySQL 启动时，可以通过配置文件开启二进制日志，而 log_bin 这个变量仅仅是报告当前二进制日志的状态（是否开启）。如果想要更改二进制日志的开启状态，则需要在更改配置文件后重新启动 MySQL。

sql_log_bin 是一个动态变量，该变量既可以是局部变量，即只对当前会话生效（Session），也可以是全局变量（Global）。当 sql_log_bin 为全局变量时，如果修改这个变量，则 sql_log_bin 只会对新的会话生效，这意味着 sql_log_bin 对当前会话不再生效。因此一般在全局修改 sql_log_bin 之后，都要把原来的所有连接关闭（kill）。如果在一连接中将该值设置为 OFF，则该连接上的客户端的所有更新操作在 MySQL 的二进制日志中不会记录日志。因此，当通过 log_bin 还原数据库时，为了防止将还原的 UPDATE 命令写入二进制日志中，出现循环复制的现象，可以选择关闭 sql_log_bin 变量。

7.4.3　开启二进制日志

查看 MySQL 的配置文件/etc/my.cnf，看看是否有与二进制日志有关的配置：

```
vim /etc/my.cnf
```

如果没有，则在/etc/my.cnf 的[mysqld]选项中追加以下内容：

```
server-id=1
log-bin = mysql-bin
binlog-format = ROW
```

如果上述内容不是在[mysqld]选项中新增的，而是在其他选项中新增的，那么即使更改了配置文件/etc/my.cnf，二进制日志也无法启动。下面解释一下代码中各项的含义。

server-id：MySQL 的 ID 属性是唯一值，作用如下。

（1）MySQL 的同步数据中是包含 server-id 的，用于标识该语句最初是从哪个 server 写入的，所以 server-id 一定要有。

（2）每一个同步的 slave 在 master 上都有对应的一个 master 线程，该线程就是通过 slave 的 server-id 来标识的。

- 每个 slave 在 master 上最多有一个 master 线程，如果两个 slave 的 server-id 相同，则后一个连接成功时，前一个会被"踢"掉。
- 在 slave 主动连接 master 之后，如果在 slave 上执行了 slave stop，则连接断开，但是 master 上对应的线程并没有退出。
- 在 slave 运行之后，master 不能再创建一个线程而保留原来的线程，否则在数据同步时可能出现问题。

（3）在 MySQL 中做主主同步时，多个主需要构成一个环状，但在同步时又要保证一条数据不会陷入死循环，这就是靠 server-id 来实现的。

log-bin：打开二进制日志功能。在复制（replication）配置中，master 必须打开此项。

binlog-format：二进制日志的模式与配置。在 MySQL 中，复制二进制日志的方式主要有三种：

- 基于 SQL 语句的复制（Statement-Based Replication，SBR）。
- 基于行的复制（Row-Based Replication，RBR）。
- 混合模式复制（Mixed-Based Replication，MBR）。

对应的二进制日志模式有三种：Statement Level 模式、Row Level 模式和 Mixed 模式，其优点和缺点如表 7-1 所示。

表 7-1

模　式	优　点	缺　点
Statement Level 模式	不需要记录每一行的变化，减少了二进制日志的日志量，节约了 I/O，提高了性能。注意，与 Row Level 模式相比，具体能提高多少性能与减少多少日志量取决于应用的 SQL 情况。一般来说，在修改或者插入一条记录时，Row Level 模式生成的日志量要小于 Statement Level 模式生成的日志量，但如果是带条件的 UPDATE 操作、整表删除，或者是 ALTER 表等操作，则 Row Level 模式会生成大量日志。因此，应该根据应用的实际情况考虑是否使用 Row Level 模式	由于记录的只是执行语句，为了让这些语句能够在 slave 上正确运行，还需要记录每条语句在执行时的一些相关信息，保证所有语句在 slave 上执行的结果和在 master 上执行的结果相同。另外，对于一些特定功能的函数，在 slave 与 master 上进行复制时要保持一致会有很多问题，如 sleep 函数、last_insert_id 函数，以及 user-defined functions(udf)函数等
Row Level 模式	在二进制日志中可以不记录执行的 SQL 语句的上下文相关信息，仅需要记录某条记录被修改后的结果即可，所以 Row Level 模式的日志内容会非常清楚地记录每行数据修改的细节，而且不会出现存储过程、function 或 trigger 的调用和触发无法被正确复制的问题	所有执行的语句在被记录到日志中时，都将以每行记录的修改来记录，这样可能会生成大量的日志内容。比如，一条 UPDATE 语句可能会修改多条记录，此时二进制日志中的每条修改都会有记录，这样会造成二进制日志日志量变得很大，特别是当执行 ALTER TABLE 之类的语句时，由于表结构被修改了，所以每条记录都会发生改变，即该表中的每条记录都会被记录到日志中
Mixed 模式	Mixed 模式是上面两种模式的混合使用，一般的复制使用 Statement Level 模式保存二进制日志，对于 Statement Level 模式无法复制的操作，则使用 Row Level 模式保存二进制日志。MySQL 会根据执行的 SQL 语句选择日志保存方式，即在 Statement Level 模式和 Row Level 模式之间选择一种。在新版本的 MySQL 中，对 Row Level 模式也做了优化，并不是所有的修改都会以 Row Level 模式来记录，比如在，当表结构变更时，就会以 Statement Level 模式来记录	在 slave 日志同步过程中，对于使用 now 这样的时间函数，Mixed 模式会在日志中生成对应的 unix_timestamp()*1000 的时间字符串。slave 在完成同步时，采用的是 sqlEvent 发生的时间来保证数据的准确性。另外，对于一些功能性函数，slave 能完成相应的数据同步，而对于上面指定的一些类似于 function(udf)的函数，即导致 slave 无法知晓的情况，则会采用 Row Level 模式存储这些二进制日志，以保证生成的二进制日志可以供 slave 完成数据同步

MySQL 默认使用 Statement Level 模式，推荐使用 Mixed 模式。对于一些特殊使用，可以考虑使用 Row Level 模式。例如，通过二进制日志同步数据的修改，会节省很多相关操作，所以对于二进

制日志数据处理会变得非常轻松。如果采用 INSERT、UPDATE、DELETE 等直接操作表，则日志格式根据 binlog_format 的设定而记录。如果采用 GRANT、REVOKE、SET PASSWORD 等管理语句来操作表，那么一定要采用 Statement Level 模式记录。

除此之外，还可以对二进制日志进行以下配置：

binlog_cache_size：在一个事务中，二进制日志记录了 SQL 状态所持有的缓存大小。如果经常使用大的、多声明的事务，则可以把此值设置得大一些，以获取更好的性能。所有从事务来的状态都先被缓存在二进制日志中，在提交后再一次性写入二进制日志中。如果事务比此值大，则使用磁盘上的临时文件来替代。此缓存是在每个连接的事务第一次更新状态时被创建的，属于 session 级别，通常采用默认值即可，编写方式如下所示：

binlog_cache_size = 1M

max_binlog_cache_size：最大二进制日志缓存大小，通常采用默认值即可，编写方式如下所示：

max_binlog_cache_size   = 512m

max_binlog_size：如果二进制日志写入的内容超出给定值，则日志就会发生滚动。注意不能把该变量设置为大于 1GB 或小于 4096 字节，默认值是 1GB。如果正在提交比较大的事务，则二进制日志的大小有可能会超过 max_binlog_size 值，从而引发报错，通常采用默认值即可，编写方式如下所示：

max_binlog_size = 1G

expire_logs_days：删除超过 N 天的二进制日志，通常采用默认值即可，编写方式如下所示：

expire_logs_days = 30

在更改配置文件/etc/my.cnf 之后，通过如下命令可重启 MySQL 服务器，检查是否开启了 MySQL 的二进制日志文件：

show variables like "%log_bin%";

结果如图 7-4 所示。

```
[root@localhost ~]# vim /etc/my.cnf
[root@localhost ~]# service mysqld restart
Stopping mysqld:                                              [  OK  ]
Starting mysqld:                                             [  OK  ]
[root@localhost ~]# mysql -u root -p
Enter password: █
```

图 7-4

重新查看 log_bin 启动结果，如图 7-5 所示。

```
mysql> show variables like '%log_bin%';
+-----------------------------------+-------+
| Variable_name                     | Value |
+-----------------------------------+-------+
| log_bin                           | ON    |
| log_bin_trust_function_creators   | OFF   |
| log_bin_trust_routine_creators    | OFF   |
| sql_log_bin                       | ON    |
+-----------------------------------+-------+
4 rows in set (0.00 sec)

mysql>
```

图 7-5

如果在重启 MySQL 之后，无法正常启动 MySQL，或者 log-bin 没有正常开启，则可以查看 Linux 系统下的两个日志文件是否有错误：

```
/var/log/mysqld.log
/var/log/messages
```

一般来说，在输入相对路径时，二进制日志的存放地址为/var/lib/mysql，如图 7-6 所示。

```
[root@localhost mysql]# cd /var/lib/mysql
[root@localhost mysql]# ll
total 20500
-rw-rw----. 1 mysql mysql 10485760 Sep  6 15:29 ibdata1
-rw-rw----. 1 mysql mysql  5242880 Sep  6 15:31 ib_logfile0
-rw-rw----. 1 mysql mysql  5242880 Sep  6 13:49 ib_logfile1
drwx------. 2 mysql mysql     4096 Sep  6 13:49 mysql
-rw-rw----. 1 mysql mysql      125 Sep  6 15:29 mysql-bin.000001
-rw-rw----. 1 mysql mysql      106 Sep  6 15:31 mysql-bin.000002
-rw-rw----. 1 mysql mysql       38 Sep  6 15:31 mysql-bin.index
srwxrwxrwx. 1 mysql mysql        0 Sep  6 15:31 mysql.sock
drwx------. 2 mysql mysql     4096 Sep  6 13:49 test
[root@localhost mysql]#
```

图 7-6

每次重启 MySQL 服务器都会生成一个新的二进制日志文件，相当于对二进制日志进行了切换。在切换二进制日志时，会看到 mysql-bin 文件的 number 在不断递增。

除二进制日志文件外，还生成了一个.index 文件。这个文件中存储了所有二进制日志文件的清单，又称为二进制文件的索引。

7.4.4 查看二进制日志文件的名称、大小和状态

查看二进制日志文件的名称和大小的命令如下所示：

```
show binary logs;
```

结果如图 7-7 所示。

```
mysql> show binary logs;
+------------------+-----------+
| Log_name         | File_size |
+------------------+-----------+
| mysql-bin.000001 |       125 |
| mysql-bin.000002 |       106 |
+------------------+-----------+
2 rows in set (0.00 sec)
```

图 7-7

也可以输入如下命令进行查看：

show master logs;

该命令等价于 show binary logs;命令，结果如图 7-8 所示。

```
mysql> show master logs;
+------------------+-----------+
| Log_name         | File_size |
+------------------+-----------+
| mysql-bin.000001 |       125 |
| mysql-bin.000002 |       106 |
+------------------+-----------+
2 rows in set (0.00 sec)
```

图 7-8

查看当前二进制文件状态的命令如下所示，结果如图 7-9 所示。

show master status;

```
mysql> show master status;
+------------------+----------+--------------+------------------+
| File             | Position | Binlog_Do_DB | Binlog_Ignore_DB |
+------------------+----------+--------------+------------------+
| mysql-bin.000002 |      106 |              |                  |
+------------------+----------+--------------+------------------+
1 row in set (0.00 sec)
```

图 7-9

7.4.5　删除某个日志之前的所有二进制日志文件

在前面介绍过，可以通过 expire_logs_days 参数设定根据时间自动删除二进制日志。下面介绍如何通过 purge 命令手动删除某日志之前的所有二进制日志文件。首先，查看当前 MySQL 中的二进制日志文件，命令如下所示：

show binary logs;

结果如图 7-10 所示。

```
+-------------------+-----------+
| Log_name          | File_size |
+-------------------+-----------+
| mysql-bin.000001  |       125 |
| mysql-bin.000002  |       106 |
+-------------------+-----------+
2 rows in set (0.00 sec)
```

图 7-10

当通过 purge 命令删除 mysql-bin.000002 之前的所有二进制日志文件时，该删除操作会影响二进制日志文件的索引部分的内容，命令如下所示：

```
purge binary logs to 'mysql-bin.000002';
```

结果如图 7-11 所示。

```
mysql> purge binary logs to 'mysql-bin.000002';
Query OK, 0 rows affected (0.02 sec)
```

图 7-11

在执行 purge 命令之后，再次查看 MySQL 中的二进制日志文件可以发现，名为 mysql-bin.000002 的二进制日志文件已经被删除了，命令如下所示：

```
show binary logs;
```

结果如图 7-12 所示。

```
+-------------------+-----------+
| Log_name          | File_size |
+-------------------+-----------+
| mysql-bin.000002  |       106 |
+-------------------+-----------+
1 row in set (0.00 sec)
```

图 7-12

7.4.6   删除某个时间点以前的二进制日志文件

删除某个时间点以前的二进制日志文件的命令如下所示：

```
mysql> purge binary logs before '2020-03-10 12:00:00';
Query OK, 0 rows affected (0.00 sec)
```

删除 7 天前的二进制日志文件的命令如下所示：

```
mysql> purge master logs before date_sub(now( ), interval 7 day);
Query OK, 0 rows affected (0.00 sec)
```

7.4.7　删除所有的二进制日志文件

在执行删除所有的二进制日志文件的命令后，所有的二进制日志文件都会被删除，并重新生成新的 mysql-bin.000001 文件，命令如下所示：

```
reset master;
Query OK, 0 rows affected (0.00 sec)
```

结果如图 7-13 所示。

```
mysql> show binary logs;
+------------------+-----------+
| Log_name         | File_size |
+------------------+-----------+
| mysql-bin.000002 |       106 |
+------------------+-----------+
1 row in set (0.00 sec)

mysql> reset master;
Query OK, 0 rows affected (0.01 sec)

mysql> show binary logs;
+------------------+-----------+
| Log_name         | File_size |
+------------------+-----------+
| mysql-bin.000001 |       106 |
+------------------+-----------+
1 row in set (0.00 sec)
```

图 7-13

7.4.8　查看二进制日志文件内容

在查看二进制日志文件内容之前，首先创建一张表，以便让二进制日志文件中包含一些可以阅读的参数，创建表的命令如下所示：

```
CREATE TABLE IF NOT EXISTS `zfx_tbl`(
    `zfx_id` INT UNSIGNED AUTO_INCREMENT,
    `zfx_title` VARCHAR(100) NOT NULL,
    `zfx_author` VARCHAR(40) NOT NULL,
    `zfx_date` DATE,
    PRIMARY KEY ( `zfx_id` )
)ENGINE=InnoDB DEFAULT CHARSET=utf8;
```

在 MySQL 的命令行中读取相关的二进制日志文件，命令如下所示，结果如图 7-14 所示。

```
system mysqlbinlog /var/lib/mysql/mysql-bin.000001;
```

```
mysql> system mysqlbinlog /var/lib/mysql/mysql-bin.000001;
/*!40019 SET @@session.max_insert_delayed_threads=0*/;
/*!50003 SET @OLD_COMPLETION_TYPE=@@COMPLETION_TYPE,COMPLETION_TYPE=0*/;
DELIMITER /*!*/;
# at 4
#200907 11:59:01 server id 1  end_log_pos 106    Start: binlog v 4, server v 5.1.73-log created 200907 11:59:01 at startup
# Warning: this binlog is either in use or was not closed properly.
ROLLBACK/*!*/;
BINLOG '
9YJWXw8BAAAAZgAAAGoAAAABAAQAN54xLjꝫ꜠Lꝡxꝡ7wAAAAAAAAAAAAAAAAAAAAAAAAAAAAAAAAA
AAAAAAAAAAAAAAAAAAD1g1ZfEzgNAAgAEgAEBAQEEgAAUwAEGggAAAAICAgL
'/*!*/;
# at 106
#200907 12:06:55 server id 1  end_log_pos 407    Query    thread_id=3    exec_time=0    error_code=0
use `test`/*!*/;
SET TIMESTAMP=1599505615/*!*/;
SET @@session.pseudo_thread_id=3/*!*/;
SET @@session.foreign_key_checks=1, @@session.sql_auto_is_null=1, @@session.unique_checks=1, @@session.autocommit=1/*!*/;
SET @@session.sql_mode=0/*!*/;
SET @@session.auto_increment_increment=1, @@session.auto_increment_offset=1/*!*/;
/*!\C latin1 *//*!*/;
SET @@session.character_set_client=8,@@session.collation_connection=8,@@session.collation_server=8/*!*/;
SET @@session.lc_time_names=0/*!*/;
SET @@session.collation_database=DEFAULT/*!*/;
CREATE TABLE IF NOT EXISTS `zfx_tbl`(
    `zfx_id` INT UNSIGNED AUTO_INCREMENT,
    `zfx_title` VARCHAR(100) NOT NULL,
    `zfx_author` VARCHAR(40) NOT NULL,
    `zfx_date` DATE,
    PRIMARY KEY ( `zfx_id` )
)ENGINE=InnoDB DEFAULT CHARSET=utf8
/*!*/;
DELIMITER ;
# End of log file
ROLLBACK /* added by mysqlbinlog */;
/*!50003 SET COMPLETION_TYPE=@OLD_COMPLETION_TYPE*/;
```

图 7-14

从图 7-14 中可以看到，创建表的命令也在其中，同时包含各种配置信息。执行 INSERT 语句：

```
INSERT INTO mytest.zfx_tbl (zfx_title,zfx_author ) VALUES ("zfx_title1","zfx_author1");
INSERT INTO mytest.zfx_tbl (zfx_title,zfx_author ) VALUES ("zfx_title2","zfx_author2");
INSERT INTO mytest.zfx_tbl (zfx_title,zfx_author ) VALUES ("zfx_title3","zfx_author3");
```

再次查看二进制日志，命令如下所示：

```
select * from mytest.zfx_tbl;
desc mytest.zfx_tbl;
```

结果如图 7-15 所示。

```
mysql> select * from  test.zfx_tbl;
+--------+-----------+------------+-----------+
| zfx_id | zfx_title | zfx_author | zfx_date  |
+--------+-----------+------------+-----------+
|      1 | zfx_title1| zfx_author1| NULL      |
|      2 | zfx_title2| zfx_author2| NULL      |
|      3 | zfx_title3| zfx_author3| NULL      |
+--------+-----------+------------+-----------+
3 rows in set (0.00 sec)

mysql> desc test.zfx_tbl;
+------------+-----------------+------+-----+---------+----------------+
| Field      | Type            | Null | Key | Default | Extra          |
+------------+-----------------+------+-----+---------+----------------+
| zfx_id     | int(10) unsigned| NO   | PRI | NULL    | auto_increment |
| zfx_title  | varchar(100)    | NO   |     | NULL    |                |
| zfx_author | varchar(40)     | NO   |     | NULL    |                |
| zfx_date   | date            | YES  |     | NULL    |                |
+------------+-----------------+------+-----+---------+----------------+
4 rows in set (0.00 sec)
```

图 7-15

查看二进制日志文件的部分输出，命令如下所示：

system mysqlbinlog /var/lib/mysql/mysql-bin.000001;

结果如图 7-16 所示。

```
BINLOG '
fppWXxMBAAAANQAAAN4CAAAAABgAAAAAAAEABHR1c3QAB3pmeF90YmwABAMPDwoELAF4AAg=
fppWXxcBAAAAOgAAABgDAAAAABgAAAAAAAEABP/4AgAAAAoAemZ4X3RpdGxlMgt6ZnhfYXV0aG9y
Mg==
'/*!*/;
# at 792
#200907 13:39:26 server id 1  end_log_pos 819    Xid = 103
COMMIT/*!*/;
# at 819
#200907 13:41:49 server id 1  end_log_pos 887    Query    thread_id=3    exec_time=0    error_code=0
SET TIMESTAMP=1599511309/*!*/;
BEGIN
/*!*/;
# at 887
# at 940
#200907 13:41:49 server id 1  end_log_pos 940    Table_map: `test`.`zfx_tbl` mapped to number 24
#200907 13:41:49 server id 1  end_log_pos 998    Write_rows: table id 24 flags: STMT_END_F
```

图 7-16

当发现上述输出内容不是十分容易观察之后，也可以使用如下命令继续观察二进制日志：

show binlog events in 'mysql-bin.000001';

结果如图 7-17 所示。

```
+-------------------+-----+------------+-----------+-------------+---------------------------------------------+
| Log_name          | Pos | Event_type | Server_id | End_log_pos | Info                                        |
+-------------------+-----+------------+-----------+-------------+---------------------------------------------+
| mysql-bin.000001  |   4 | Format_desc|         1 |         106 | Server ver: 5.1.73-log, Binlog ver: 4       |
| mysql-bin.000001  | 106 | Query      |         1 |         407 | use `test`; CREATE TABLE IF NOT EXISTS `zfx_tbl`(|
  `zfx_id` INT UNSIGNED AUTO_INCREMENT,
  `zfx_title` VARCHAR(100) NOT NULL,
  `zfx_author` VARCHAR(40) NOT NULL,
  `zfx_date` DATE,
  PRIMARY KEY ( `zfx_id` )
)ENGINE=InnoDB DEFAULT CHARSET=utf8 |
| mysql-bin.000001  | 407 | Query      |         1 |         475 | BEGIN                                       |
| mysql-bin.000001  | 475 | Table_map  |         1 |         528 | table_id: 24 (test.zfx_tbl)                 |
| mysql-bin.000001  | 528 | Write_rows |         1 |         586 | table_id: 24 flags: STMT_END_F              |
| mysql-bin.000001  | 586 | Xid        |         1 |         613 | COMMIT /* xid=102 */                        |
| mysql-bin.000001  | 613 | Query      |         1 |         681 | BEGIN                                       |
| mysql-bin.000001  | 681 | Table_map  |         1 |         734 | table_id: 24 (test.zfx_tbl)                 |
| mysql-bin.000001  | 734 | Write_rows |         1 |         792 | table_id: 24 flags: STMT_END_F              |
| mysql-bin.000001  | 792 | Xid        |         1 |         819 | COMMIT /* xid=103 */                        |
| mysql-bin.000001  | 819 | Query      |         1 |         887 | BEGIN                                       |
| mysql-bin.000001  | 887 | Table_map  |         1 |         940 | table_id: 24 (test.zfx_tbl)                 |
| mysql-bin.000001  | 940 | Write_rows |         1 |         998 | table_id: 24 flags: STMT_END_F              |
| mysql-bin.000001  | 998 | Xid        |         1 |        1025 | COMMIT /* xid=115 */                        |
+-------------------+-----+------------+-----------+-------------+---------------------------------------------+
14 rows in set (0.00 sec)
```

图 7-17

在生产环境下，通常会对 MySQL 进行很多增删改等操作，此时可以通过 Pos 参数，指定查询某个时间点之后的数据，命令如下所示：

```
show binlog events in 'mysql-bin.000001' from 475;
```

结果如图 7-18 所示。

```
+-------------------+-----+------------+-----------+-------------+---------------------------------------------+
| Log_name          | Pos | Event_type | Server_id | End_log_pos | Info                                        |
+-------------------+-----+------------+-----------+-------------+---------------------------------------------+
| mysql-bin.000001  | 475 | Table_map  |         1 |         528 | table_id: 24 (test.zfx_tbl)                 |
| mysql-bin.000001  | 528 | Write_rows |         1 |         586 | table_id: 24 flags: STMT_END_F              |
| mysql-bin.000001  | 586 | Xid        |         1 |         613 | COMMIT /* xid=102 */                        |
| mysql-bin.000001  | 613 | Query      |         1 |         681 | BEGIN                                       |
| mysql-bin.000001  | 681 | Table_map  |         1 |         734 | table_id: 24 (test.zfx_tbl)                 |
| mysql-bin.000001  | 734 | Write_rows |         1 |         792 | table_id: 24 flags: STMT_END_F              |
| mysql-bin.000001  | 792 | Xid        |         1 |         819 | COMMIT /* xid=103 */                        |
| mysql-bin.000001  | 819 | Query      |         1 |         887 | BEGIN                                       |
| mysql-bin.000001  | 887 | Table_map  |         1 |         940 | table_id: 24 (test.zfx_tbl)                 |
| mysql-bin.000001  | 940 | Write_rows |         1 |         998 | table_id: 24 flags: STMT_END_F              |
| mysql-bin.000001  | 998 | Xid        |         1 |        1025 | COMMIT /* xid=115 */                        |
+-------------------+-----+------------+-----------+-------------+---------------------------------------------+
11 rows in set (0.00 sec)
```

图 7-18

如果该数据仍然十分庞大，则可以使用 limit 分页参数，命令如下所示：

```
show binlog events in 'mysql-bin.000001' from 475 limit 2;
```

结果如图 7-19 所示。

```
+------------------+-----+------------+-----------+-------------+---------------------------------+
| Log_name         | Pos | Event_type | Server_id | End_log_pos | Info                            |
+------------------+-----+------------+-----------+-------------+---------------------------------+
| mysql-bin.000001 | 475 | Table_map  |         1 |         528 | table_id: 24 (test.zfx_tbl)     |
| mysql-bin.000001 | 528 | Write_rows |         1 |         586 | table_id: 24 flags: STMT_END_F  |
+------------------+-----+------------+-----------+-------------+---------------------------------+
2 rows in set (0.00 sec)
```

图 7-19

在 limit 分页参数中包含隐藏参数，即如果输入为 limit 1,2，则会让该查询语句先跳过一行，再输出两行结果，命令如下所示：

```
show binlog events in 'mysql-bin.000001' from 475 limit 1,2;
```

结果如图 7-20 所示。

```
+------------------+-----+------------+-----------+-------------+---------------------------------+
| Log_name         | Pos | Event_type | Server_id | End_log_pos | Info                            |
+------------------+-----+------------+-----------+-------------+---------------------------------+
| mysql-bin.000001 | 528 | Write_rows |         1 |         586 | table_id: 24 flags: STMT_END_F  |
| mysql-bin.000001 | 586 | Xid        |         1 |         613 | COMMIT /* xid=102 */            |
+------------------+-----+------------+-----------+-------------+---------------------------------+
2 rows in set (0.00 sec)
```

图 7-20

复制二进制日志，并将它转换成文本文件（.txt），命令如下所示：

```
mysqlbinlog /var/lib/mysql/mysql-bin.000002 > /log.txt
```

通过 cat /log.txt|grep "drop "命令可以正常查询 log.test 中的二进制日志内容，结果如图 7-21 所示。

```
[root@bogon ~]# cat /log.txt |grep "drop"
drop table mytest.zfx_tbl
drop table mytest.zfx_tbl
drop table mytest.zfx_tbl
drop table mytest.zfx_tbl
drop table mytest.zfx_tbl
drop table mytest.zfx_tbl
drop table mytest.zfx_tbl
drop table mytest.zfx_tbl
drop table mytest.zfx_tbl
drop table mytest.zfx_tbl
drop table mytest.zfx_tbl
drop table mytest.zfx_tbl
drop table mytest.zfx_tbl
drop table mytest.zfx_tbl
```

图 7-21

7.4.9　通过二进制日志文件恢复 MySQL

当通过二进制日志文件恢复 MySQL 时，通常使用的是 MySQL 自带的 mysqlbinlog 命令，在 Linux 下直接编写即可。

（1）删除 mytest. zfx_tbl;表，命令如下所示：

```
drop table mytest.zfx_tbl;
show tables;
```

结果如图 7-22 所示。

```
mysql> drop table mytest.zfx_tbl;
Query OK, 0 rows affected (0.02 sec)

mysql> show tables;
+------------------+
| Tables_in_mytest |
+------------------+
| client           |
| company          |
+------------------+
2 rows in set (0.00 sec)
```

图 7-22

（2）执行 mysqlbinlog 命令，查看一下需要将数据回滚到哪个时间节点，命令如下所示：

```
mysqlbinlog /var/lib/mysql/mysql-bin.000002
```

结果如图 7-23 所示。

```
# at 65278
#201006  9:10:18 server id 1  end_log_pos 65348        Query    thread_id=2     exec_time=1053   error_code=0
SET TIMESTAMP=1602000618/*!*/;
BEGIN
/*!*/;
# at 65348
# at 65403
#201006  9:10:18 server id 1  end_log_pos 65403        Table_map: `mytest`.`zfx_tbl` mapped to number 86
#201006  9:10:18 server id 1  end_log_pos 65461        Write_rows: table id 86 flags: STMT_END_F

BINLOG '
6pZ8XxMBAAAANwAAAHv/AAAAAFYAAAAAAEABm15dGVzdAAHemZ4X3RibAAEAw8PCgQsAXgwACA==
6pZ8XxcBAAAAOgAAALX/AAAAAFYAAAAAAEABP/4AwAAAAoAemZ4X3RpdGGx1Mwt6ZnhfYXV0a0G9y
MQ==
'/*!*/;
# at 65461
#201006  9:10:18 server id 1  end_log_pos 65488        Xid = 1490
COMMIT/*!*/;
# at 65488
#201006  9:17:33 server id 1  end_log_pos 65578        Query    thread_id=2     exec_time=618    error_code=0
SET TIMESTAMP=1602001053/*!*/;
drop table mytest.zfx_tbl
/*!*/;
DELIMITER ;
# End of log file
ROLLBACK /* added by mysqlbinlog */;
/*!50003 SET COMPLETION_TYPE=@OLD_COMPLETION_TYPE*/;
[root@bogon ~]#
```

图 7-23

从图 7-23 中可以看到输出的是"drop table mytest.zfx_tbl"语句,即恢复到"201006 9:17:33"时间节点处,该时间节点为"2020 年 10 月 06 日"。

如果按行数来说明,则需要恢复到 65488 行之前。

(3) 输入 mysqlbinlog 命令,恢复相应数据,如下命令为通过行数进行恢复:

mysqlbinlog /var/lib/mysql/mysql-bin.000001 /var/lib/mysql/mysql-bin.000002
--stop-pos=65488 | mysql -uroot –p

如下命令为通过时间节点进行恢复:

mysqlbinlog /var/lib/mysql/mysql-bin.000001 /var/lib/mysql/mysql-bin.000002
--stop-datetime='2020-10-06 09:17:33' | mysql -uroot -p

(4) 查看恢复之后的数据,结果如图 7-24 所示。

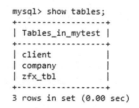

图 7-24

7.5　MySQL 主从复制实战

7.5.1　构建 MySQL 主从复制架构

这里使用三台亿级测试数据解决方案的服务器,作为 MySQL 5.1.73 的服务器进行使用,三台服务器的 IP 地址及服务器角色如表 7-2 所示。

表 7-2

服务器 IP 地址	服务器角色
192.168.112.140	Master(主库)
192.168.112.136	slave(从库)
192.168.112.142	slave(从库)

安装并部署三台 MySQL 服务器,其中,主库开启二进制日志。

1. 配置主库与从库

主库配置文件/etc/my.cnf 如下所示：

```
[mysqld]
datadir=/var/lib/mysql                    #MySQL 文件指定路径
socket=/var/lib/mysql/mysql.sock          #MySQL 的 socket 文件指定路径
user=mysql                                #MySQL 的启动用户
symbolic-links=0                          #不开启链接，即表和数据不存在 datadir 以外的地址
default-character-set=utf8                #指定编码格式

slow_query_log=1                          #1 为开启慢日志查询功能
long_query_time=0.0001                    #慢日志查询指定时间，可以不配置
log_queries_not_using_indexes=1           #是否记录未使用索引的语句
server-id=1                               #主从复制 ID
log-bin = mysql-bin                       #二进制日志生成的日志名称
binlog-format = ROW                       #主从复制的模式与配置
binlog-do-db = mytest                     #主从复制的库名

[mysqld_safe]
log-error=/var/log/mysqld.log             #MySQL 错误日志的指定路径
pid-file=/var/run/mysqld/mysqld.pid       #MySQL 进程 ID 文件的指定路径
```

从库配置文件/etc/my.cnf 如下所示：

```
[mysqld]
datadir=/var/lib/mysql
socket=/var/lib/mysql/mysql.sock
user=mysql
symbolic-links=0

server-id=2
replicate-do-db=mytest
relay-log=relay-log

[mysqld_safe]
log-error=/var/log/mysqld.log
pid-file=/var/run/mysqld/mysqld.pid
```

2. 查看主库状态

在主库的 MySQL 命令行下输入如下命令，查看主库状态：

```
show master status;
```

结果如图 7-25 所示。

```
mysql> show master status;
+------------------+----------+--------------+------------------+
| File             | Position | Binlog_Do_DB | Binlog_Ignore_DB |
+------------------+----------+--------------+------------------+
| mysql-bin.000004 |     1558 | mytest       |                  |
+------------------+----------+--------------+------------------+
1 row in set (0.00 sec)
```

图 7-25

值得注意的是，此时已经备份到 mysql-bin.0000004 文件，所以此时的推荐做法是：

（1）停止主库的增删改行为。

（2）停止从库的复制行为。

（3）清空从库中的所有数据。

（4）将主库 mysql-bin.0000004 文件之前的数据全量备份到从库之中。

（5）检查当前主库的 Pos 参数已写到多少行。

（6）不要从 mysql-bin.000001 文件开始进行备份，将变量改成 mysql-bin.000001，把 master_log_pos 写成当前已有的行数，此例为 1558。

（7）开启从库的只读模式。

（8）开启从库的复制行为。

（9）开启主库的增删改行为。

以上步骤可以保证初次主从复制的数据完整性。

3. 查看从库状态

通常使用 show slave status 语句来查看复制信息，但是该语句为缓存性语句，如果 MySQL 服务器出现了异常、崩溃、重启等情况，则 show slave status 语句中涵盖的值可能并不准确，甚至会完全消失。

在从库的 MySQL 控制台中输入如下命令：

show slave status\G;

结果如图 7-26 所示。

```
mysql> show slave status\G;
Empty set (0.00 sec)

ERROR:
No query specified

mysql>
```

图 7-26

因为此时 MySQL 并没有进行主从复制操作，所以从库状态显示为空（Empty）。当包含主从复制配置时，结果应如图 7-27 所示。

```
mysql> show slave status\G;
*************************** 1. row ***************************
               Slave_IO_State:
                  Master_Host: 192.168.112.140
                  Master_User: root
                  Master_Port: 3306
                Connect_Retry: 60
              Master_Log_File: mysql-bin.000001
          Read_Master_Log_Pos: 1304
               Relay_Log_File: relay-log.000001
                Relay_Log_Pos: 4
        Relay_Master_Log_File: mysql-bin.000001
             Slave_IO_Running: No
            Slave_SQL_Running: No
              Replicate_Do_DB: mytest
          Replicate_Ignore_DB:
           Replicate_Do_Table:
       Replicate_Ignore_Table:
      Replicate_Wild_Do_Table:
  Replicate_Wild_Ignore_Table:
                   Last_Errno: 0
                   Last_Error:
                 Skip_Counter: 0
          Exec_Master_Log_Pos: 1304
              Relay_Log_Space: 106
              Until_Condition: None
               Until_Log_File:
                Until_Log_Pos: 0
           Master_SSL_Allowed: No
           Master_SSL_CA_File:
           Master_SSL_CA_Path:
              Master_SSL_Cert:
            Master_SSL_Cipher:
               Master_SSL_Key:
        Seconds_Behind_Master: NULL
Master_SSL_Verify_Server_Cert: No
                Last_IO_Errno: 0
                Last_IO_Error:
               Last_SQL_Errno: 0
               Last_SQL_Error:
1 row in set (0.00 sec)

ERROR:
No query specified
```

图 7-27

从图 7-27 中可以看到相关从库的信息，部分解释如下所示：

（1）如果在主从复制过程中出现异常，则可以通过 show slave status\G;命令看到具体异常信息及编号。

（2）Relay_Log_File 为从库中继器中存储的已同步的数据内容。

（3）如果 Slave_IO_Running 和 Slave_SQL_Running 两个值都为 YES，则主从复制部署成功。

（4）Last_Errno 和 Last_SQL_Errno 会展示目前出现的异常编号与具体异常信息。

4. 停止主库的数据更新操作

通过 flush tables with read lock; 命令可以关闭所有打开的表，同时，对所有数据库中的表都加一个读锁，直到显示地执行 unlock tables 为止。该操作常常用于对数据做备份时。在主库的 MySQL 控制台中输入如下命令：

```
flush tables with read lock;
```

结果如图 7-28 所示。

```
mysql> flush tables with read lock;
Query OK, 0 rows affected (0.00 sec)

mysql>
```

图 7-28

flush tables with read lock;命令表示开启全局只读锁。在执行该命令之后，所有库所有表都被锁定为只读模式。一般在数据库联机备份时使用此命令，此时数据库的写操作将被阻塞，读操作顺利进行。如果其他进程有修改动作，就会被阻塞。例如，在执行 flush tables with read lock;命令后执行 INSERT INTO 等相关语句，则会报错，如图 7-29 所示。

```
mysql> flush tables with read lock;
Query OK, 0 rows affected (0.00 sec)

mysql> INSERT INTO mytest.zfx_tbl (zfx_title,zfx_author ) VALUES ("zfx_title9","zfx_author9");
ERROR 1223 (HY000): Can't execute the query because you have a conflicting read lock
mysql>
```

图 7-29

在 flush tables with read lock;命令成功获得锁之前，必须等待所有语句执行完成（包括 SELECT 语句）。如果有一个慢查询正在执行，或者其他进程正拿着表锁，则 flush tables with read lock;命令就会被阻塞，直到所有的锁被释放。

5. 停止从库的备份行为

在从库的 MySQL 控制台中输入如下命令，即可停止从库的备份行为：

```
slave stop;
```

6. 通过 mysqldump 生成数据库备份

mysqldump 是 MySQL 自带的逻辑备份工具。mysqldump 的备份原理是，通过协议连接 MySQL，把需要备份的数据查询出来，并把这些查询出的数据转换成对应的 INSERT 语句。当需要还原这些数据时，只需执行 INSERT 语句即可。

mysqldump 是一个客户端工具，当 mysqldump 连接到数据库时，会读取 MySQL 的配置文件，加载与客户端相关的配置。下面介绍如何通过 mysqldump 生成数据库备份，在主库的 Linux 控制台中输入如下命令：

```
mysqldump -uroot -pmypassword mytest > mytest.sql
```

mysqldump 的优点：因为备份数据已经被 mysqldump 转换为对应的 INSERT 语句，所以我们可以借助文件系统中的文本处理工具直接处理备份数据。

mysqldump 的缺点：当数据类型为浮点类型时，会出现精度丢失的情况。因为 mysqldump 的备份过程属于逻辑备份，所以 mysqldump 的备份速度和恢复速度都慢于物理备份。另外，mysqldump 备份的过程是串行化的，如果想要并行备份，则可以使用 mydumper。当数据量较大时，一般不使用 mysqldump 进行备份，因为效率较低。

mysqldump 对 InnoDB 存储引擎支持热备份。因为 InnoDB 支持事务，所以我们可以基于事务通过 mysqldump 对数据库进行热备份。mysqldump 对 MyISAM 存储引擎只支持温备份，即在备份时会对备份的表请求锁，在备份完成后，锁会被释放。

数据备份指备份二进制日志、InnoDB 事务日志、存储过程、函数、触发器、事件调度器和服务器配置文件等。通常达到可以完全恢复当前数据库的程度即可。

数据库备份可分为两种类型，即完整备份和部分备份。部分备份又可分为增量备份和差异备份：

- 完整备份：备份整库数据。
- 增量备份：备份最近一次完整备份或增量备份之后更改的数据。
- 差异备份：备份最近一次完整备份之后更改的数据。

数据库备份方式有三种，即冷备份、热备份和温备份：

- 冷备份：读写操作均不可执行。
- 温备份：读操作可执行，但写备份不可执行。
- 热备份：读写操作均可执行。

其中，MyISAM 引擎不支持热备份，InnoDB 引擎支持三种备份方式。

7. 通过 scp 命令将备份转移到各个从库中

scp 是 secure copy 的缩写，是 Linux 系统下基于 ssh 登录的安全远程文件拷贝命令。scp 命令是加密的，rcp 命令是不加密的，scp 命令是 rcp 命令的加强版。

下面通过 scp 命令将主库的 mytest.sql 文件传输到从库 192.168.112.136 服务器的 root 文件夹下，使用的是 root 账号，在主库的 Linux 控制台中输入如下命令：

```
scp mytest.sql root@192.168.112.136:/root/
```

按 "Enter" 键之后，系统显示请用户输入从库 192.168.112.136 的 root 账号的密码。scp 命令十分强大，可以自由选择压缩、带宽、递归整个目录、保留原文件修改时间等一系列配置参数。

8. 新建数据库 mytest

在从库的 MySQL 控制台中输入如下命令，即可新建数据库 mytest：

```
create database mytest default charset utf8;
```

9. 通过命令将从库连接主库

在安装完三台 MySQL 服务器之后，配置两台 MySQL 服务器的配置文件/etc/my.cnf，重启 MySQL。因为有些 MySQL 服务器版本并不认可配置文件/etc/my.cnf 中的主从配置变量，所以此时需要进入从库的 MySQL 命令行中。

注意，"zhang@192.168.112.140" 账号在主库中，是被允许外部连接的，且主库的防火墙已打开 3306 端口，或主库的防火墙已停止运行。

在从库的 MySQL 控制台中输入如下命令，即可把从库连接主库：

```
reset slave;
CHANGE MASTER TO MASTER_HOST='192.168.112.140', MASTER_PORT=3306, MASTER_USER='zhang',
MASTER_PASSWORD='mypassword', MASTER_LOG_FILE='mysql-bin.000004', MASTER_LOG_POS=1558;
slave start;
```

10. 导入 mytest.sql 数据

在从库的 Linux 控制台中输入如下命令：

```
mysql -uroot -pmypassword mytest<mytest.sql
```

11. 从库开启只读模式

在 MySQL 中，当进行数据迁移和设置从库只读状态时，都会涉及只读状态和主从关系设置，此时可以在从库的 MySQL 控制台中输入如下命令：

```
set global read_only=1;
```

read_only=1 为只读模式，不会影响从库的同步复制。当在 MySQL 从库中设定了 read_only=1 后，通过 show slave status\G;命令查看 salve 状态，可以看到 salve 仍然会读取主库上的日志，并且在从库中应用日志，保证主从数据库同步一致。此时普通用户不能进行数据修改操作，但是具有 super 权限的用户可以进行数据修改操作。如果设置 super_read_only=on，则具有 super 权限的用户也无法进行数据修改操作。如果想解除只读模式，则可以在从库的 MySQL 控制台中输入如下命令：

```
set global read_only=0;
```

12. 再次启动从库

在从库的 MySQL 控制台中输入如下命令：

```
slave start;
```

整体操作过程如图 7-30 所示。

```
mysql> slave stop;
Query OK, 0 rows affected (0.00 sec)

mysql> reset slave;
Query OK, 0 rows affected (0.01 sec)

mysql> CHANGE MASTER TO MASTER_HOST='192.168.112.140',
Query OK, 0 rows affected (0.01 sec)

mysql> slave start;
Query OK, 0 rows affected (0.00 sec)
```

图 7-30

13. 解锁主库增删改命令

在解锁之前，先查看当前二进制日志的 Pos 参数，再使用如下命令解开 flush tables with read lock;命令请求的全局锁。在主库的 MySQL 控制台中输入如下命令：

```
unlock tables;
```

unlock tables;命令不仅能解开 flush tables with read lock;命令的全局锁，还能解开 MyISAM 引擎下 lock tables zfx_tbl 命令的表锁。但在 InnoDB 存储引擎下，lock tables 表锁命令未必生效。

14. 检验当前主从复制是否生效

想要检验当前主从复制是否生效，只需在主库的 mytest 数据库的某个表中插入一个值，再在从库中查看该值是否存在即可。

也可以查看从库 show slave status\G;命令下的 Slave_IO_Running 与 Slave_SQL_Running 两个值是否都为 YES，如果都为 YES，则当前主从已经生效。如果期间出现错误或者数据没有同步，则使用 show slave status\G;命令检查错误原因。注意，包含主键或唯一键值的表，如果在从库中插入了新的一行，由于主键冲突，将导致该行无法进行同步，此时只能通过 reset slave 命令跨过这一行重新进行读取，或者删除原来的数据，再进行同步。

15. 可能出现的问题

（1）数据不同步错误。通过 show slave status\G;命令可以发现 1032 错误，代码如下所示：

```
Last_Errno: 1032
Last_Error: Could not execute Delete_rows event on table mytest.zfx_tbl; Can't find record
in 'zfx_tbl', Error_code: 1032; handler error HA_ERR_KEY_NOT_FOUND; the event's master log
mysql-bin.000006, end_log_pos 405738077
```

上述错误的含义是，当数据不同步时，可能会出现 1032 错误，即无法在从库中执行与主库相同的事件，进而导致从库无法正常完成主库给从库的命令。1032 错误在主库的二进制日志 mysql-bin.000006 中，行数为 405738077。

如果数据同步需要一致，则停止当前所有的复制行为，即执行 stop slave 命令，并重新进行"同步主库已有数据到从库"的步骤，将主库 Pos 参数后面的内容压缩到 SQL 文件中，由从库逐条进行同步。

如果数据同步不需要一致，则先停止从库的复制行为，再跳过 1 次错误，重启从库的复制行为即可，命令如下所示：

```
stop slave;
set global sql_slave_skip_counter=1;
start slave;
```

如果以后不再考虑任何 1032 错误，则可以在 my.cnf 中进行设置，如下所示：

```
slave-skip-errors=1032
```

MySQL 的二进制日志主从复制架构会出现各种各样的错误，如 1032、1062、1594 等。针对这些错误，笔者的做法是，日常多对软件进行测试与模拟，模拟出大部分的可能性与错误码，并且不断对 MySQL 进行备份、还原，根据 Pos 参数还原、热处理等练习，以便在实际工作中真正对 MySQL 进行四个九的维护工作。

（2）接受包过小错误。通过 show slave status\G;命令发现 1236 错误，代码如下所示：

```
Last_IO_Errno: 1236
Last_IO_Error: Got fatal error 1236 from master when reading data from binary log: 'binlog
truncated in the middle of event'
```

max_allowed_packet 是 MySQL 中的一个设定参数，用于设定可接受的包的大小。根据情形不同，其默认值可能是 1MB 或者 4MB。如果是 4MB，则这个值的大小为 $4 \times 1024 \times 1024 = 4194304$。此时可以直接设置从库可接受的包大小，代码如下所示：

```
slave stop;
reset slave;
set global max_allowed_packet =1*1024*1024*1024;
slave start;
```

（3）连接错误。通过 show slave status\G;命令可以发现 1045 错误，代码如下所示：

```
Last_IO_Errno: 1045
Last_IO_Error: error connecting to master 'test@192.168.112.146:3306' - retry-time: 60
retries: 86400
```

从上面的代码中可以看到，通过 test 账号是无法连接到 192.168.112.146:3306 数据库的，因而需要修改 CHANGE MASTER 语句。当 CHANGE MASTER 语句的账号编写正确时，继续查看字符、空格等因素，代码如下所示：

```
slave stop;
reset slave;
CHANGE MASTER TO MASTER_HOST='192.168.112.140', MASTER_PORT=3306, MASTER_USER='zhang',
MASTER_PASSWORD='mypassword', MASTER_LOG_FILE='mysql-bin.000004', MASTER_LOG_POS=1558;
slave start;
```

7.5.2 使用 Spring Boot 整合 MySQL 主从复制架构

如果想让 Java 语言整合 MySQL 主从复制架构，则可以使用 Spring Boot 微服务通过阿里巴巴的 Druid 数据源，把所有 MySQL 的地址信息都放置在微服务的配置文件中，然后使用 Spring Data JPA 框架达到读写分离的业务需求。对 MySQL 的写入与读取应分别使用不同的数据源。伪代码如下所示：

###把所有的 MySQL 配置放置在 application.properties 微服务配置文件中
spring.datasource.druid.master.driver-class-name=com.mysql.jdbc.Driver
spring.datasource.druid.master.url=jdbc:mysql://192.168.112.140:3306/mytest
spring.datasource.druid.master.username=zhang
spring.datasource.druid.master.password=zhang

spring.datasource.druid.slave1.driver-class-name=com.mysql.jdbc.Driver
spring.datasource.druid.slave1.url=jdbc:mysql://192.168.112.136:3306/mytest
spring.datasource.druid.slave1.username=zhang
spring.datasource.druid.slave1.password=zhang

spring.datasource.druid.slave2.driver-class-name=com.mysql.jdbc.Driver
spring.datasource.druid.slave2.url=jdbc:mysql://192.168.112.142:3306/mytest
spring.datasource.druid.slave2.username=zhang
spring.datasource.druid.slave2.password=zhang
###把所有的 MySQL 数据源初始化

```
    @Bean
    @ConfigurationProperties("spring.datasource.druid.master")
    public DataSource masterDataSource() {
        logger.info("select master data source");
        return DruidDataSourceBuilder.create().build();
    }

    @Bean
    @ConfigurationProperties("spring.datasource.druid.slave1")
    public DataSource slaveDataSource() {
        logger.info("select slave data source");
        return DruidDataSourceBuilder.create().build();
}
    @Bean
    @ConfigurationProperties("spring.datasource.druid.slave2")
    public DataSource slaveDataSource() {
        logger.info("select slave data source");
        return DruidDataSourceBuilder.create().build();
    }
///……
```
###通过 AOP 切面进行管理，函数命名以增删改（insert、add、update）为开头的使用主库数据源，
###函数命名以查询（select、get）为开头的使用其他数据源

```
@Aspect
@Component
public class DataSourceAop {
    @Pointcut("!@annotation(com.zfx.example.annotation.Master) " +
            "&& (execution(* com.zfx.example.service..*.select*(..)) " +
```

```
                "|| execution(* com.zfx.example.service..*.get*(..)))")
        public void readPointcut() {

        }

        @Pointcut("@annotation(com.zfx.example.annotation.Master) " +
                "|| execution(* com.zfx.example.service..*.insert*(..)) " +
                "|| execution(* com.zfx.example.service..*.add*(..)) " +
                "|| execution(* com.zfx.example.service..*.update*(..)) " +
                "|| execution(* com.zfx.example.service..*.edit*(..)) " +
                "|| execution(* com.zfx.example.service..*.delete*(..)) " +
                "|| execution(* com.zfx.example.service..*.remove*(..))")
        public void writePointcut() {
    }
    ///……
    }
```

MySQL 主从复制是 MySQL 的重中之重，也是尝试理解其他负载均衡、主从复制、读写分离等架构的基础。

第 8 章

MySQL 分库分表：MyCAT

8.1 问题描述

随着数据库存储的内容越来越多，MySQL 主从复制也开始无法存储更多的数据，此时就需要切割表，把一张过大的表切割后分别存储在不同的 MySQL 中，以便存储更多的内容，承载更多的用户。此阶段出现的典型问题如下：

（1）随着互联网的发展，数据的量级也呈指数级增长，从 GB 到 TB 再到 PB。对数据的各种操作也愈加困难，传统的关系数据库已经无法满足快速查询与插入数据的需求。如何使单表数据量存储更大？甚至期望单表数据量可以"无限扩大"。

（2）MySQL 本身是不支持读写分离的，MySQL 只支持主从数据复制，读写功能需要重新开发，。有没有一种办法可以不用一次次重写这部分切面代码？

（3）如何保证集群的中间件不宕机？一旦中间件崩溃，所有的 MySQL 节点就都无法提供服务了，因为 Java 代码连接的是 MyCAT 中间件的地址，对这部分高可用的需求该如何解决？

8.2 问题分析与解决方案

针对在 8.1 节中出现的问题，使用分库分表即可解决。在国内市场上，分库分表与分布式事务通常使用 MyCAT 来解决。MyCAT 是基于阿里巴巴开源的 Cobar 产品研发的，Cobar 的稳定性、可靠性、优秀的架构和性能，以及众多成熟的使用案例使得 MyCAT 一开始就拥有一个很好的起点。

MyCAT 支持 MySQL、Oracle、DB2、SQL Server、PostgreSQL 等数据库的常见 SQL 语法，支持读写分离、MySQL 主从复制、Galera Cluster 集群、XA 分布式事务、全局序列号（分布式下的主键生成问题）、数据库分片、密码加密、服务降级、IP 地址白名单、SQL 黑名单、SQL 注入攻击拦截、预编译指令、PostgreSQL 的 Native 协议、存储过程、协调主从切换、Zookeeper 序列化、库内分表等相关功能。

　　MyCAT 可以解决分布式事务、读写分离、主从、分片等一系列 MySQL 集群和分布式问题。MyCAT 的操作十分简单，Spring Boot 微服务的数据源连接池只操作 MyCAT 即可。MyCAT 会提供给 Spring Boot 相关地址作为虚拟数据库使用，MyCAT 虚拟数据库会通过逻辑的方式操作下属 N 个 MySQL 数据库。例如，设置 MyCAT 分片规则为每 500 万条数据就换一个数据库进行存储（多库多表的纵向分割），实际上，Spring Boot 代码认为自身操作的还是一张表（MyCAT 提供的虚拟表）。

　　在使用 MyCAT 对数据进行分片处理之后，一个数据库会被切分为多个分片数据库，所有的分片数据库集群构成一个完整的数据库存储。使用 MyCAT 搭建的一主多从环境架构图如 图 8-1 所示。

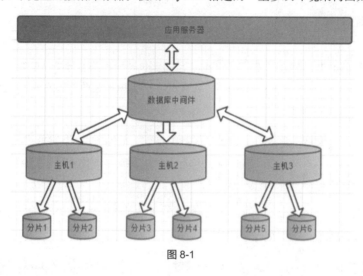

图 8-1

　　在搭建完 MyCAT 架构之后，应用程序（Java、PHP）可通过 MyCAT 数据中间件地址与账号密码，如同使用正常 MySQL 一般使用 MyCAT，除配置信息外，不需要修改任何代码。MyCAT 给应用程序提供的逻辑库与逻辑表，本质上相当于先从应用程序处接收到 SQL 语句，然后通过各个 MySQL 主机与主机下的分片进行数据整合，最后将整合后的数据返回给应用程序。

　　MyCAT 提供的表为逻辑表，库为逻辑库，本质上都是不存在的。

8.3　MyCAT 实战

8.3.1　构建 MyCAT 一主多从架构

　　准备三台 Linux 服务器，其中，将两台服务器作为 MySQL，另外一台用来安装 MyCAT 中间件。

从 MyCAT 下载地址处下载 MyCAT 的安装包，如图 8-2 所示。

```
Index of /

../
1.6-RELEASE/                                          28-Oct-2016 12:56         -
1.6.5/                                                22-Jan-2018 14:07         -
1.6.5-BETA/                                           08-Oct-2017 09:06         -
1.6.6/                                                30-Jul-2018 21:55         -
1.6.6.1/                                              07-Nov-2018 05:02         -
1.6.7.1/                                              02-Jul-2019 04:58         -
1.7-BETA/                                             16-Apr-2017 05:54         -
2.0-dev/                                              02-Jan-2017 07:24         -
mycat-web-1.0/                                        02-Jan-2017 07:40         -
yum/                                                  18-May-2016 02:51         -
Mycat-server-1.4-beta-20150604171601-linux.tar.gz     27-Jun-2015 10:09    7663894
apache-maven-3.3.3-bin.tar.gz                         27-Jun-2015 10:09    8042383
apache-tomcat-7.0.62.tar.gz                           27-Jun-2015 10:09    8824528
jdk-7u79-linux-x64.tar.gz                             27-Jun-2015 10:09  153512879
jdk-8u20-linux-x64.tar.gz                             27-Jun-2015 10:09  160872342
phpMyAdmin-4.4.9-all-languages.tar.gz                 27-Jun-2015 10:09    9352049
probe-2.3.3.zip                                       27-Jun-2015 10:09    7957290
toolset.sh                                            26-Oct-2015 05:03      16015
zookeeper-3.4.6.tar.gz                                27-Jun-2015 10:09   17699306
```

图 8-2

将下载的 MyCAT 安装包放入 Linux 服务器中，并通过 tar -zxvf 命令进行解压缩，得到 mycat 文件夹，如图 8-3 所示。

```
[root@localhost mycat]# ls
mycat  Mycat-server-1.7.0-DEV-20170416134921-linux.tar.gz
```

图 8-3

MyCAT 的目录结构如表 8-1 所示。

表 8-1

目　　录	说　　明
bin	MyCAT 命令，如启动、重启、停止等
catlet	catlet 为 MyCAT 的一个扩展功能
conf	MyCAT 的配置信息，需重点关注
lib	MyCAT 引用的 jar 包，MyCAT 是由 Java 开发的
logs	日志文件，包括 MyCAT 启动时日志和运行时日志

进入 MyCAT 文件夹的 bin 目录下，通过命令启动 MyCAT 脚本。MyCAT 的启动命令如下所示：

```
##控制台启动方式。该方式通常在调试阶段使用，以便观察启动日志报错：
./mycat console

##后台启动方式。当不需要调试时，通常使用后台启动：
```

```
./mycat start
```

其他命令如下所示：

```
./mycat stop          停止
./mycat restart       重启服务
./mycat pause         暂停
./mycat status        查看启动状态
```

如果出现 successfully，则说明已启动正常：

```
[root@localhost bin]# ./mycat console
Running Mycat-server...
wrapper  | --> Wrapper Started as Console
wrapper  | Launching a JVM...
jvm 1    | Java HotSpot(TM) 64-Bit Server VM warning: ignoring option MaxPermSize=64M;
support was removed in 8.0
jvm 1    | Wrapper (Version 3.2.3) http://wrapper.tanukisoftware.org
jvm 1    |   Copyright 1999-2006 Tanuki Software, Inc.  All Rights Reserved.
jvm 1    |
jvm 1    | log4j:WARN No appenders could be found for logger (io.mycat.memory.MyCATMemory).
jvm 1    | log4j:WARN Please initialize the log4j system properly.
jvm 1    | log4j:WARN See http://logging.apache.org/log4j/1.2/faq.html#noconfig for more
info.
jvm 1    | MyCAT Server startup successfully. see logs in logs/mycat.log
```

MyCAT 的关闭命令如下所示：

```
./mycat stop
```

1. 初次启动 MyCAT 容易出现的部分错误及解决方式

初次启动 MyCAT 容易出现的部分错误及解决方式如下。

（1）没有安装 JDK。如果出现如下错误提示，则很可能是没有安装 JDK：

```
Unable to start JVM;No such file or directory
```

解决方式：如果已安装 JDK，仍然出现上面的错误，则有可能是 JDK 的相关环境变量不在 Linux 系统的 root 账号下所导致的，此时应重新对 JDK 进行配置。

（2）无法指定 Java 环境。如果出现如下错误提示，则有可能是 MyCAT 无法指向 JDK 的 Java 程序：

```
JVM exited while loading the application
Unable to start JVM:No such file or directory
```

解决方式：打开 MyCAT 的 conf 目录下的 wrapper.conf 文件，并在文件中修改如下代码：

```
wrapper.java.command=/data/jdk/jdk1.8/bin/java
```

把目录直接指向 Java 程序，即可解决该问题。

（3）堆栈空间不足。如果出现如下错误提示，则有可能 JVM 的堆栈空间不足：

```
Error occurred during initialization of VM
Could not reserve enough space for object heap
```

解决方式：打开 MyCAT 的 conf 目录下的 wrapper.conf 文件，并在文件中修改或加入如下代码：

```
wrapper.java.additional.10=Xmx1G
wrapper.java.additional.11=Xms512m
```

增加初始化 JVM 的堆栈空间，即可解决该问题。

（4）权限不足。如果出现如下错误提示，则有可能是 MyCAT 在修改某些文件时没有 Linux 系统的一些权限：

```
Permission denied
```

解决方式：使用 root 赋予其相关权限，或者切换到 root 账号，即可解决该问题。此外，也有可能是因为 wrapper.conf 文件没有指向 Java 可执行文件，此时把 wrapper.java.command 指向 Java_Home 的 bin 目录下的可执行文件即可。

（5）配置文件错误。如果出现如下错误提示，则有可能是 MyCAT 自身配置文件编写有误：

```
schema myinvoice didn't config tables,so you must set dataNode property!
```

解决方式：重新编写配置文件，若初次执行启动就遇到该错误，则建议重新下载 MyCAT。

（6）主机名错误。如果出现如下错误提示，则有可能是 Linux 系统的 hostName 配置出现了异常：

```
java.net.UnknownHostException: bogon: bogon: Name or service not known
```

解决方式：

① 修改/etc/sysconfig/network 文件，追加如下代码：

```
HOSTNAME=你的主机名（XXXX）
```

② 修改/etc/hosts 文件，修改如下代码：

```
127.0.0.1  localhost.localdomain localhost 你的主机名（XXXX）
::1    localhost.localdomain localhost 你的主机名(XXXX)
```

（7）JDK 版本问题。如果出现如下错误提示，则有可能是 Linux 系统的 JDK 版本出现了异常：

Java HotSpot(TM) 64-Bit Server VM warning: ignoring option MaxPermSize=64M; support was removed in 8.0

解决方式：在 wrapper.conf 配置文件中删掉 XX:MaxPermSize 配置，如图 8-4 所示。

```
# Java Additional Parameters
#wrapper.java.additional.1=
wrapper.java.additional.1=-DMYCAT_HOME=.
wrapper.java.additional.2=-server
#wrapper.java.additional.3=-XX:MaxPermSize=64M
wrapper.java.additional.4=-XX:+AggressiveOpts
wrapper.java.additional.5=-XX:MaxDirectMemorySize=2G
wrapper.java.additional.6=-Dcom.sun.management.jmxremote
wrapper.java.additional.7=-Dcom.sun.management.jmxremote.port=1984
wrapper.java.additional.8=-Dcom.sun.management.jmxremote.authenticate=false
wrapper.java.additional.9=-Dcom.sun.management.jmxremote.ssl=false
wrapper.java.additional.10=-Xmx4G
wrapper.java.additional.11=-Xms1G
```

图 8-4

在 JDK1.8（或者称 JDK8.0）版本之后，取消了永久区，进而使 JVM 无法识别永久区参数 MaxPermSize。

2. MyCAT 的基本信息配置

在 MyCAT 中，与 MySQL 相关的配置文件主要有三个：

- schema.xml：定义逻辑库、表、分片节点等内容。
- rule.xml：定义分片规则。
- server.xml：定义用户和系统的相关变量，如端口（默认为 8066）等。

（1）配置 MyCAT 的 schema.xml。schema.xml 中主要记录了主从库等相关信息。本节使用一主两从架构环境，按照 7.5 节的配置环境填写如下 schema 信息：

```
<?xml version="1.0"?>
<!DOCTYPE mycat:schema SYSTEM "schema.dtd">
<mycat:schema xmlns:mycat="http://io.mycat/">

<schema name="TESTDB" checkSQLschema="false" sqlMaxLimit="100" dataNode="dn1"/>
<dataNode name="dn1" dataHost="host1" database="mytest"/>

<dataHost name="host1" maxCon="1000" minCon="10" balance="3" writeType="0"
dbType="mysql" dbDriver="native" switchType="1" slaveThreshold="100">
    <heartbeat>select user()</heartbeat>
```

```
        <writeHost host="hostM1" url="127.0.0.1:3306" user="root" password="mypassword">
                <readHost host="hostS1" url="192.168.112.136:3306" user="root"
password="mypassword" />
                <readHost host="hostS2" url="192.168.112.142:3306" user="root"
password="mypassword" />
        </writeHost>
    </dataHost>
</mycat:schema>
```

从上面的 schema.xml 配置文件可以看出，writeHost 为写入节点，其内部为写入节点的主从复制读取的 readHost 节点。

需要注意的是，在 schema.xml 配置文件中，参数与参数之间要有空格，否则会出现如下错误提示：

```
WrapperSimpleApp: Encountered an error running main:
java.lang.ExceptionInInitializerError
    java.lang.ExceptionInInitializerError
    Caused by: io.mycat.config.util.ConfigException: org.xml.sax.SAXParseException;
lineNumber: 7; columnNumber: 21; Element type "dataNode" must be followed by either attribute
specifications, ">" or "/>".
```

通过上述错误提示可以看到，xml 文件的第 7 行第 21 个字符出现了问题，需要修改 dataNode 标签中的属性。

schema 标签可用来定义 MyCAT 实例中的逻辑库。MyCAT 可以有多个逻辑库，每个逻辑库都有自己的相关配置。可以使用 schema 标签来划分这些不同的逻辑库。如果不配置 schema 标签，则所有的表都属于同一个默认的逻辑库。逻辑库的概念和 MySQL 的 database 的概念一样，即在查询两个不同的逻辑库中的表时，需要切换到该逻辑库下进行查询。

schema 标签的 name 属性为 Java 代码通过 MyCAT 访问看到的数据库名（逻辑库名）。逻辑库名和后端物理库名可能不同，也可能对应多个后端物理库。同一个实例下的物理数据库名称不能重复，同理，schema 的逻辑库名也不能重复。此处，name 属性为自定义的，与实际后端可能不同，访问时以 schema 标签的 name 属性为准。

如果在 SQL 语句中不含 limit 参数，则默认设置 limit 参数为 sqlMaxLimit 属性所对应的数值。如果运行的 schema 为非拆分库，则 sqlMaxLimit 属性不会生效，需要自己通过 SQL 语句加 limit。server.xml 中的 limit 是整个 MyCAT 系统的默认值，此处是当前逻辑库的默认值，默认先看 schema.xml 的限制数。

schema 标签的 dataNode 属性为逻辑库对应的分片。如果需要配置多个分片，则只需多个 dataNode 即可：

```
<dataNode name="dn1" dataHost="localhost1" database="mycat_node1"/>
<dataNode name="dn2" dataHost="localhost1" database="mycat_node2"/>
```

schema 标签的 dataNode 属性配置为表切分后，还需要配置映射到哪几个数据库中。MyCAT 的分片实际上就是库的别名。例如，上面例子配置了两个分片，即 dn1 和 dn2，它们分别对应物理机映射 dataHost localhost1 的两个库。另外，其 name 参数的 "dn1" 值理应对应 dataNode 标签。

当 schema 标签的 checkSQLschema 属性为 true 时，MyCAT 会修改执行的数据库语句，如下所示：

```
--原语句：
select * from TESTDB.client
--修改后的语句：
select * from client
```

dataNode 标签是实际的物理库配置地址，可以配置多主、主从等其他配置。多个 dataHost 代表分片对应的物理库地址，下面的 writeHost、readHost 代表该分片是否配置多写、主从、读写分离等高级特性。

dataNode 标签

name 参数为自定义的唯一值。在需要分库时，该名称将用来建立表与分片之间的关系。

dataHost 参数用来定义该分片属于哪个数据库实例，属性与在 datahost 标签上定义的 name 对应。

database 参数用来定义该分片属于哪个数据库实例上 的具体库。另外，如果没有提前配置 <table></table> 标签，则 MyCAT 会找到默认的 dataNode，并把表建在默认的 dataNode 上。如果没有配置默认的 dataNode，则 MyCAT 会报错。

dataHost 标签

dataHost 标签定义了具体数据库实例，包括读写分离配置与心跳语句。

name 属性可唯一标示 dataHost 标签。

maxCon 属性指定每个读写实例连接池的最大连接。

minCon 属性指定每个读写实例连接池的最小连接，初始化连接池的大小。

balance 属性指定读取的负载均衡类型，详情如下所示：

- 0：不开启读写分离机制，把所有读操作都发送到当前可用的 writeHost 上。
- 1：全部的 readHost 与 stand by writeHost 都参与 select 语句的负载均衡，当为双主双从模式（M1-S1，M2-S2，并且 M1 M2 互为主备）时，在正常情况下，M2、S1 和 S2 都参与 select 语句的负载均衡。
- 2：所有读操作都随机地在 writeHost 和 readHost 上分发。
- 3：所有读操作都随机地分发在 writeHst 对应的 readHost 上执行，writeHost 不负担读写压力。

writeType 属性指定写入的负载均衡类型，详情如下所示：

- 0：所有的写操作都被发送到配置的第 1 个 writeHost 上，如果第 1 个挂了，则切换到第 2 个。切换记录在文件 dnindex.properties 中。
- 1：所有的操作都被随机地发送到配置的 writeHost 上，不推荐。

dataHost 标签的 switchType 属性可指定写数据库如何进行高可用切换，详情如下所示：

- -1：不自动切换。
- 1：默认值自动切换。
- 2：基于 MySQL 主从同步的状态决定是否切换，心跳语句为 show slave status。
- 3：基于 mysql galary cluster 的切换机制（适合集群）进行切换，心跳语句为 show status like 'wsrep%'。

dbType 属性指定后端链接的数据库类型目前支持二进制的 MySQL 协议，还有其他使用 JDBC 连接的数据库，如 MongoDB、Oracle、Spark 等。

dbDriver 属性指定连接后端数据库使用的 driver，目前可选的值有 native 和 JDBC。如果使用 native，则因为 native 执行的是二进制的 MySQL 协议，所以可以使用 MySQL 和 MariDB，对其他类型的则需要使用 JDBC 驱动来支持。如果使用 JDBC，则需要把符合 JDBC4 标准的驱动 jar 包放到 mycat\lib 目录下，检查在 jar 包中是否包含目录结构文件 META-INF\services\java.sql.Driver 并在这个文件中写上具体的 driver 类名，例如 com.mysql.jdbc.Driver。

在 dataHost 标签内部，readHost 标签必须作为 writeHost 的子标签出现。readHost 需与 writeHost 配置二进制日志主从复制。

若有其他相关学习需求，可通过 GitHub 上的 MyCAT 入门指南进行查看。

（2）登录 MyCAT。在配置完 schema.xml 配置文件之后可以通过 ./mycat start 后台启动 MyCAT。注意，其他 MyCAT 主机可以通过命令行进入其他所有 MySQL 服务节点的控制台。

启动成功后，可通过如下命令进入 MyCAT 控制台管理工具：

```
mysql -uroot -p123456 –P9066 -h 192.168.112.140
```

上述命令中的"192.168.112.140"地址为 MyCAT 的安装地址，"9066"为 MyCAT 管理控制台端口。想要进入 MyCAT 查询工具，则需更改端口号为 8066。

账号和密码配置在 server.xml 中，默认如下所示：

```
<user name="root" defaultAccount="true">
    <property name="password">123456</property>
    <property name="schemas">TESTDB</property>
</user>

<user name="user">
    <property name="password">user</property>
    <property name="schemas">TESTDB</property>
    <property name="readOnly">true</property>
</user>
```

上述<property name="schemas">标签内的属性为该 user 的可读逻辑库的权限，需要与 schema.xml 配置文件相对应。

在登录控制台管理工具后，可以输入如下命令查看当前 MyCAT 内部的逻辑库，结果如图 8-5 所示。

```
show databases;
```

```
mysql> show databases;
+----------+
| DATABASE |
+----------+
| TESTDB   |
+----------+
1 row in set (0.00 sec)

mysql>
```

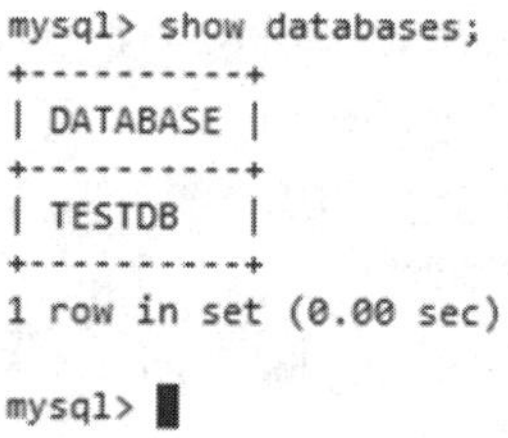

图 8-5

控制台帮助命令如下所示。

```
show @@help;
```

部分执行结果如图 8-6 所示。

```
+---------------------------------------------+----------------------------------------------------+
| STATEMENT                                   | DESCRIPTION                                        |
+---------------------------------------------+----------------------------------------------------+
| show @@time.current                         | Report current timestamp                           |
| show @@time.startup                         | Report startup timestamp                           |
| show @@version                              | Report Mycat Server version                        |
| show @@server                               | Report server status                               |
| show @@threadpool                           | Report threadPool status                           |
| show @@database                             | Report databases                                   |
| show @@datanode                             | Report dataNodes                                   |
| show @@datanode where schema = ?            | Report dataNodes                                   |
| show @@datasource                           | Report dataSources                                 |
| show @@datasource where dataNode = ?        | Report dataSources                                 |
| show @@datasource.synstatus                 | Report datasource data synchronous                 |
| show @@datasource.syndetail where name=?    | Report datasource data synchronous detail          |
| show @@datasource.cluster                   | Report datasource galary cluster variables         |
| show @@processor                            | Report processor status                            |
| show @@command                              | Report commands status                             |
| show @@connection                           | Report connection status                           |
| show @@cache                                | Report system cache usage                          |
| show @@backend                              | Report backend connection status                   |
| show @@session                              | Report front session details                       |
| show @@connection.sql                       | Report connection sql                              |
| show @@sql.execute                          | Report execute status                              |
| show @@sql.detail where id = ?              | Report execute detail status                       |
| show @@sql                                  | Report SQL list                                    |
| show @@sql.high                             | Report Hight Frequency SQL                         |
| show @@sql.slow                             | Report slow SQL                                    |
| show @@sql.resultset                        | Report BIG RESULTSET SQL                           |
| show @@sql.sum                              | Report  User RW Stat                               |
| show @@sql.sum.user                         | Report  User RW Stat                               |
| show @@sql.sum.table                        | Report  Table RW Stat                              |
```

图 8-6

STATEMENT 中的语句可以直接执行，其部分执行结果如图 8-7 所示。

```
mysql> show @@connection;
+------------+------+-----------+
| PROCESSOR  | ID   | HOST      |
+------------+------+-----------+
| Processor0 |   20 | 192.168.1 |
+------------+------+-----------+
1 row in set (0.00 sec)

mysql> show @@database;
+----------+
| DATABASE |
+----------+
| TESTDB   |
+----------+
1 row in set (0.00 sec)

mysql> show @@command;
+------------+---------+-------+
| PROCESSOR  | INIT_DB | QUERY |
+------------+---------+-------+
| Processor0 |       4 |    40 |
+------------+---------+-------+
1 row in set (0.01 sec)

mysql>
```

图 8-7

在启动成功之后可以通过如下命令进入 MyCAT 控制台查询工具，其账号和密码配置在 server.xml 中：

```
mysql -uuser -puser -P8066 -h 192.168.112.140
```

执行部分查询命令后结果如图 8-8 所示。

```
mysql> use TESTDB;
Reading table information for completion of table and column names
You can turn off this feature to get a quicker startup with -A

Database changed
mysql> show tables;
+------------------+
| Tables_in_mytest |
+------------------+
| client           |
| company          |
| zfx_tbl          |
+------------------+
3 rows in set (0.00 sec)

mysql> select * from client;
+-------+---------+--------+--------+
| cl_id | cl_name | cl_sex | cl_bir |
+-------+---------+--------+--------+
|     0 | 1       | 2      | 3      |
+-------+---------+--------+--------+
1 row in set (0.01 sec)

mysql>
```

图 8-8

此时需要注意的是，如果在 schema.xml 中没有配置本机 IP 地址（127.0.0.1），而是配置了公网 IP 地址，那么控制台的执行速度将会奇慢无比，而且可能出现连接不到数据源的情况。这属于 MyCAT 自身的问题。

（3）用 Java 整合 MyCAT。使用 Navicat 或 SQLYog 等 MySQL 图形化界面，或是 Java 代码，都可以通过 MyCAT 的端口地址与账号、密码直接进行登录操作。

Java 代码使用 MyCAT 工具进行 MySQL 操作时，除修改地址、账号、密码、虚拟库、虚拟表等相关配置内容外，和正常使用 MySQL 无任何区别。通常，MyCAT 的虚拟库 TESTDB 名称可被配置成与 MySQL 相同的名称，即改为 mytest，此时，在 Java 代码中完全不需要修改业务层面的内容。

8.3.2 构建 MyCAT 双主多从环境

MySQL 双主配置可以保证若其中一台 MySQL 数据库宕机且无法正常响应，则另一台 MySQL 的主库节点可以对数据进行写入，保证服务器集群的高可用性。其架构模式优于一主多从架构模式。

1. 双主多从的 my.cnf 配置

主库 1 节点的 my.cnf 配置如下所示：

```
server-id=1
log-bin=mysql-bin
binlog-ignore-db=mysql
binlog-ignore-db=information_schema
binlog-do-db=mytest
binlog_format=STATEMENT
log-slave-updates
auto-increment-increment=2
auto-increment-offset=1
```

主库 2 节点的 my.cnf 配置如下所示：

```
server-id=3
log-bin=mysql-bin
binlog-ignore-db=mysql
binlog-ignore-db=information_schema
binlog-do-db=mytest
binlog_format=STATEMENT
log-slave-updates
auto-increment-increment=2
auto-increment-offset=2
```

slave 节点的 my.cnf 配置如下所示：

```
server-id=2
relay-log=mysql-relay
```

对于 slave 节点，只需修改节点 id 即可。

2. 双主多从的架构步骤

在更改双主多从的 my.cnf 配置文件之后，需要重启 MySQL，分别将两台从库对应两台主服务器。即从库 1 复制主库 1，从库 2 复制主库 2，此时在从库 show slave status\G;命令下的 Slave_IO_Running 与 Slave_SQL_Running 两个值都为 "YES" 的情况下，让主库 1 复制主库 2 且主库 2 复制主库 1，便可完成 MySQL 的双主多从架构。

当通过 MyCAT 管理双主多从架构时，需要更改 MyCAT 的 schema.xml 文件内容，如下所示：

```
…
<dataNode name="dn1" dataHost="host1" database="testdb" />
```

```xml
<dataHost name="host1" maxCon="1000" minCon="10" balance="1"
writeType="0" dbType="mysql" dbDriver="native" switchType="1"  slaveThreshold="100" >
<heartbeat>select user()</heartbeat>
<writeHost host="hostM1" url="192.168.140.128:3306" user="root"
password="123123">
<readHost host="hostS1" url="192.168.140.127:3306" user="root" password="123123" />
</writeHost>

<writeHost host="hostM2" url="192.168.140.126:3306" user="root"
password="123123">
<readHost host="hostS2" url="192.168.140.125:3306" user="root" password="123123" />
</writeHost>
</dataHost>
…
```

此后通过 Java 代码对接 MyCAT 数据库即可。

8.3.3 MyCAT 分库——垂直拆分

1. MyCAT 垂直拆分方案

一个数据库由很多的表组成，每个表都对应着不同的业务。垂直拆分指按照业务对表进行分类，把不同的表放到不同的数据库上面，使数据库的压力被分担到不同的库上。

在垂直拆分后业务更加清晰，拆分规则明确，系统之间的整合或扩展变得更加容易，但是部分业务表无法连接，跨数据库查询比较烦琐，会出现分布式事务的问题，提高了系统的复杂度，增加了系统性能的损耗，返回速度较慢。

例如，在数据库中包含`product`商品表、`client`客户表、`shopping`购物车表和`company`公司表。假设在商品表中包含 1000 万件商品和 1 万个客户，在平均每个客户的购物车里包含 30 件商品，即在购物车表中共包含 30 万条信息，所有商品都由 800 家公司提供。当使用垂直拆分方案时，可以使用两台 MySQL，其中一台数据库只包含商品表，而另一台数据库存放客户表、购物车表和公司表。此时数据库压力将会被极大地减轻。

垂直拆分商品表的原因：一是商品数据过多，二是商品被调用的次数也最多，每个客户调用购物车、每个公司查看自己公司产品时都会调用商品表。

虽然购物车表中的数据看起来仍然很多，但是只有 MySQL 单表承受压力在千万条以上时才会有明显的效率减弱。另外，InnoDB 存储引擎的表空间最大容量为 64TB，不具体限制单表的大小。在表空间内不仅包含业务数据，还包含索引等相关内容。

在垂直拆分商品表之后，若数据量仍然持续增长，则之后不仅需要进行垂直拆分，还需要用 8.3.4 中的水平拆分方案对单表进行优化。

2. MyCAT 垂直拆分步骤

第 1 步，更改 schema 配置文件，如下所示：

```
<schema name="TESTDB" checkSQLschema="false" sqlMaxLimit="100" dataNode="dn1">
    <table name=" shopping" dataNode="dn2" />
</schema>
<dataNode name="dn1" dataHost="host1" database="mytest" />
<dataNode name="dn2" dataHost="host2" database="mytest" />
<dataHost name="host1" maxCon="1000" minCon="10" balance="0" writeType="0"
dbType="mysql" dbDriver="native" switchType="1" slaveThreshold="100">
    <heartbeat>select user()</heartbeat>
    <writeHost host="hostM1" url="192.168.112.136:3306" user
="zhang" password="mypassword" />
</dataHost>
<dataHost name="host2" maxCon="1000" minCon="10" balance="0" writeType
="0" dbType="mysql" dbDriver="native" switchType="1" slaveThreshold="100">
    <heartbeat>select user()</heartbeat>
    <writeHost host="hostM2" url="192.168.112.142:3306" user=
"zhang" password="mypassword" />
</dataHost>
```

MyCAT 作为数据库代理，需要逻辑库和逻辑用户，在表切分后需要配置分片。分片需要映射到真实的物理主机上，至于是映射到一台还是映射一台的多个实例上，MyCAT 并不关心，只需配置好映射即可。

heartbeat 标签代表 MyCAT 需要对物理库做心跳检测的语句。在正常情况下，生产案例可能配置主从，或者多写或者单库，无论哪种情况，MyCAT 都需要维持到数据库的数据源连接，因此需要定时检查后端连接是否正常，心跳语句就是用来检测心跳的。

因为分库时两个库都需要对两个库进行写入操作，所以都被配置为 writeHost。

table 标签是逻辑表的配置，其中一共包含 9 个可配置的属性，参数释义如下所示：

（1）.name：对应 MySQL 中的表名。

（2）.dataNode：逻辑表所在的分片，该属性值需要和 dataNode 标签的 name 属性对应。

（3）.rule：逻辑表使用的分片规则名称。规则在 conf/rule.xml 中配置，该属性值必须与 tableRule 标签中的 name 属性值对应。

（4）.ruleRequired：是否绑定分片规则，如果为 true，就一定要配置 rule。

（5）.primaryKey：逻辑表对应真实表的主键。

（6）.type：逻辑表类型，分为全局表和普通表，后面会详细说明该属性。

（7）.autoIncrement：是否启用从自增主键，对应 MySQL 自增主键，默认是禁用的。

（8）.subTable：分表，MyCAT1.6 以后开始支持该属性。

（9）.needAddLimit：是否允许自动添加在 schema 标签中设置的 limit，默认为 true。

第 2 步，新增两个空白数据库。

分库操作并不是在原来的数据库上进行操作，而是需要删除旧版的数据库，并在 dn1、dn2 的数据节点分别创建两台数据库，命令如下所示：

create database mytest;

第 3 步，访问 MyCAT 并进行分库。

在 MyCAT 命令窗口使用 create 语句创建表，即可完成分库操作。创建表之后，即可发现 shopping 表已被写入 dn2 节点中。在 dn1 节点中并没有 shopping 表，也没有表内的相关数据。

注意，创建表语句一定要在 MyCAT 上创建，而不是在 MySQL 节点上创建，否则无法起到分库的结果。

8.3.4 MyCAT 分表——水平拆分

水平拆分指把同一张表中的数据拆分到不同的数据库中进行存储，或者把一张表拆分成多张小表。与垂直拆分相比，水平拆分不是将表的数据做分类，而是按照某个字段的某种规则把数据分散到多个库中，在每个表中都包含一部分数据。可以将数据的水平拆分理解为按照数据行进行切分，即把表中的某些行拆分到一个数据库中，把另外的某些行拆分到其他数据库中，主要有分表和分库两种模式，该方式提高了系统的稳定性和负载能力，但是跨库连接性能较差。

通常水平拆分可以把 shopping 表拆分为 shopping-2020-01 表、shopping-2020-02 表，即用日期的方式生成历史数据的 shopping 表，这样单表数据量就不会像全表那么大，使 MySQL 的单表效率不影响应用程序的效率。

MyCAT 通过 rule.xml 配置水平分表策略，通过 schema.xml（使用 table 标签）指定表的分表策略。注意：table 标签的 rule 属性需要与 rule.xml 配置文件对应。

部分常用算法如下所示：

- 枚举分片规则：有些业务需要按照省份或区县保存，而省份、区县是固定的，对这类业务使用本条规则。
- 固定分片哈希算法：类似于十进制的求模运算，区别在于，二进制的操作是取 id 的二进制低 10 位，即 id 二进制 &1111111111。如果按照十进制取模运算，则在连续插入 1~10 时，1~10 会被分到 1~10 个分片，增加了插入事务的控制难度，而此算法根据二进制可能会分到连续的分片，减少插入事务事务控制难度。
- 范围约定算法：需要提前规划好分片字段的某个范围属于哪个分片，例如，当某值大于 100 且小于 1000 时，归属为第二分片。
- 取模算法：明确根据 id 进行十进制求模预算，与固定分片哈希算法相比，在批量插入时可能存在批量插入单事务插入多数据分片，增大了事务一致性难度。
- 按日期分片算法：根据日期进行分片。
- 截取数字做哈希求模范围约束：类似于取模范围约束，此规则支持数据符号字母取模。
- 应用指定算法：此规则是在运行阶段由应用自主决定路由到那个分片。
- 截取数字哈希解析：此规则是截取字符串中的 int 数值哈希分片。
- 一致性哈希：一致性哈希预算有效解决了分布式数据的扩容问题。需要指定数据库节点数量。
- 按单月小时拆分：此规则是单月内按照小时拆分，最小粒度是小时，一天最多可以有 24 个分片，最少 1 个分片。一个月后，下个月从头开始循环。在每个月月尾都需要手动清理数据。
- 范围求模分片：先进行范围分片计算出分片组，再在组内求模。
- 日期范围哈希分片：思想与范围求模一致，由于日期在取模会有数据集中问题，所以改成哈希方法。先根据日期分组，再根据时间哈希使得短期内数据分布得更均匀。
- 冷热数据分片：根据日期查询日志数据的冷热数据分布，最近 n 个月的到实时交易库查询，超过 n 个月的按照 m 天分片。
- 自然月分片：按月份列分区，每个自然月一个分片。

下面以日期分片算法为例进行分片，rule.xml 的配置如下所示：

```
<tableRule name="order-sharding-by-date">
  <rule>
    <!-- 指定分区字段为 order_time -->
    <columns>order_time</columns>
    <!-- 指定分区算法为 sharding-by-date -->
    <algorithm>sharding-by-date</algorithm>
  </rule>
</tableRule>
```

<!-- 指定分区算法使用的实现类是 io.mycat.route.function.PartitionByDate，这里需要传如四个属性:

> dateFormat 表示下面 sBeginDate、sEndDate 及分区字段的数据值所使用的日期格式化方式；
> sBeginDate 指定分区范围的开始时间；
> sEndDate 指定分区范围的结束时间；
> sPartitionDay 指定每个分区间隔的时间范围长度- ->

```
<function name="sharding-by-date" class="io.mycat.route.function.PartitionByDate">
  <property name="dateFormat">yyyy-MM-dd</property>
  <property name="sBeginDate">2019-01-01</property>
  <property name="sEndDate">2019-02-02</property>
  <property name="sPartionDay">20</property>
</function>
```

schema.xml 的配置如下所示：

```
<table name="t_order" primaryKey="id" autoIncrement="true" dataNode="dn1,dn2,dn3"
rule="order-sharding-by-date"/>
```

下面以 shopping 表为例进行分片，先选择取模算法（mod-long）对两个节点求模，再根据结果分片。rule.xml 的配置如下所示：

```
<tableRule name="mod_rule">
<rule>
<columns>s_id</columns>
<algorithm>mod-long</algorithm>
</rule>
</tableRule>
<function name="mod-long" class="io.mycat.route.function.PartitionByMod">
<property name="count">2</property>
</function>
```

schema.xml 的配置如下所示：

```
<table name="shopping" dataNode="dn1,dn2"  rule="mod_rule" ></table>
```

8.3.5 构建 HAProxy + MyCAT + MySQL 高可用架构

1. HAProxy + MyCAT + MySQL 高可用原理

一主多从的 MySQL 集群有可能出现主服务器宕机，无法正常写入 MySQL 的情况，所以在实际生产部署时推荐使用双主架构。

双主架构是由 MyCAT 进行统一管理的。如果 MyCAT 宕机或者无法正常响应，那么应用程序也无法正常连接到 MySQL 节点上，所以此时需要对 MyCAT 进行高可用架构处理。即同时部署 N 台 MyCAT，保证其中 M 台 MyCAT 出现异常之后，依旧能够正常提供 MyCAT 服务。

可以使用 HAProxy 配合两台 MyCAT 搭建 MyCAT 集群，实现高可用性。HAProxy 实现了 MyCAT 多节点的集群高可用和负载均衡。

如果希望 HAProxy+MyCAT+MySQL 架构中的 HAProxy 达到自身的高可用，则可以通过 Keepalived+HAProxy 来实现，即 Keepalived+HAProxy+MyCAT+MySQL 架构。由于后面整理了 Keepalived+Nginx+Tomcat 负载均衡架构，所以此处不再赘述 Keepalived。

HAProxy 是一个使用 C 语言编写的自由及开放源代码软件，提供高可用性、负载均衡，以及基于 TCP 和 HTTP 的应用程序代理。它支持虚拟主机，是免费、快速并且可靠的一种解决方案，特别适用于那些负载特别大的 Web 站点，这些站点通常又需要会话保持或七层处理。HAProxy 运行在当前的硬件上，完全可以支持数以万计的并发连接。并且它的运行模式使得它可以简单安全地整合进常规架构中，同时保护 Web 服务器不被暴露到网络上。包括 GitHub、Bitbucket、Stack Overflow、Reddit、Tumblr、Twitter 和 Tuenti 在内的知名网站，及亚马逊网络服务系统均使用了 HAProxy。

2. 配置 HAProxy

安装 HAProxy 的步骤如下所示：

第 1 步，准备好 HAProxy 安装包，传到/opt 目录下 。

第 2 步，解压缩到/usr/local/src 目录下，解压缩命令如下所示：

```
tar -zxvf haproxy-1.5.18.tar.gz -C /usr/local/src
```

第 3 步，进入解压缩后的目录，查看内核版本，进行编译：

```
cd /usr/local/src/haproxy-1.5.18
uname -r
make TARGET=linux310 PREFIX=/usr/local/haproxy ARCH=x86_64
```

释义如下所示：

- TARGET =linux310：内核版本，使用 uname -r 查看内核版本，如 3.10.0-514.el7，此时该参数就为 linux310。
- ARCH=x86_64：系统位数。
- PREFIX=/usr/local/haprpxy：/usr/local/haprpxy 为 HAProxy 的安装路径。

第 4 步，编译完成后，安装 HAProxy：

```
make install PREFIX=/usr/local/haproxy
```

第 5 步，安装完成后，创建目录、创建 HAProxy 配置文件：

```
mkdir -p /usr/data/haproxy/ vim /usr/local/haproxy/haproxy.conf
```

第 6 步，修改 HAProxy 配置文件。在 HAProxy 配置中有 5 部分内容，分别如下所示：

- global：设置全局配置参数，属于进程的配置，通常和操作系统相关。
- defaults：配置默认参数，这些参数可以被用在 frontend、backend 和 Listen 组件上。
- frontend：接收请求的前端虚拟节点，frontend 可以直接指定具体使用后端的 backend。
- backend：后端服务集群的配置，是真实服务器，一个 backend 对应一个或者多个实体服务器。
- Listen：frontend 和 backend 的组合体。

第 7 步，在 haproxy.cfg 配置文件中插入以下配置信息，并保存：

```
#-------------------------------------------------------------------
# 全局配置
#-------------------------------------------------------------------
global
        #[日志输出配置，所有日志都被记录在本机上，通过 local0 输出]
        log 127.0.0.1    local0
          #默认最大连接数
          maxconn 4000
          #chroot 运行路径
          chroot /usr/local/haproxy
          #HAProxy 进程 PID 文件
          pidfile /usr/data/haproxy/haproxy.pid
          #以后台形式运行 HAProxy
          daemon
#-------------------------------------------------------------------
# 默认配置
#-------------------------------------------------------------------
defaults
        #默认的模式 mode { tcp|http|health }，health 只会返回 OK
        mode    tcp
          #当服务器负载很高时，自动结束当前队列处理比较久的链接
          option abortonclose
          #在 serverId 对应的服务器挂掉后，强制定向到其他健康的服务器
          option redispatch
          #当 3 次连接失败时就认为是服务器不可用，也可以在后面设置
          retries 3
          #默认的最大连接数
          maxconn 2000
          #连接超时
          timeout connect 5000
          #客户端超时
          timeout client  50000
```

```
                #服务器超时
                timeout server  50000
#------------------------------------------------------------------
# MyCAT 配置#自定义名称
#------------------------------------------------------------------
listen proxy_status
        #绑定请求端口号
        bind :48066
        mode tcp
            #设置默认的负载均衡方式和轮询方式，类似于 Nginx 的 ip_hash
        balance roundrobin
            #配置MyCAT转发
        server mycat_1 192.168.112.158:8066 check inter 10s
        server mycat_2 192.168.112.157:8066 check inter 10s
#------------------------------------------------------------------
# 页面请求入口处理
#------------------------------------------------------------------
frontend admin_stats
        bind :7777
        mode http
        stats enable
        #日志类别，采用 httplog
        option httplog
        #默认的最大连接数
        maxconn 10
            #统计页面自动刷新时间
        stats refresh 30s
        #统计页面地址
        stats uri /admin
        #统计页面账号和密码
        stats auth admin:123123
            #隐藏统计页面上的 HAProxy 的版本信息
        stats hide-version
            #设置手工启动或禁用，后端服务器（Haproxy-1.4.9 以后版本）
        stats admin if TRUE
```

3. 验证 HAProxy

第 1 步，启动 HAProxy，命令如下所示：

HAProxy /usr/local/haproxy/sbin/haproxy -f /usr/local/haproxy/haproxy.conf

第 2 步，查看 HAProxy 进程，采用 ps -ef|grep haproxy 命令。

第 3 步，打开浏览器，访问 http://192.168.112.158:7777/admin。

第 4 步，在弹出框中输入用户名：admin 和密码：123123。

第 5 步，查看 HAProxy，查看 MyCAT 进程，如果界面如图 8-9 所示，则表示成功。

allmycat_service														
	Queue			Session rate			Sessions						Bytes	
	Cur	Max	Limit	Cur	Max	Limit	Cur	Max	Limit	Total	LbTat	Lmat	In	Out
Frontend				0	1	-	0	4	2 000	7			2 032	14 019
mycat_161	0	0	-	0	1		0	2	-	3	3	1h57m	664	7 231
mycat_165	0	0		0	1		0	2	-	5	5	1h55m	1 368	6 788
Backend	0	0		0	1		0	3	200	7	8	1h55m	2 032	14 019

图 8-9

4. HAProxy 的常见命令

HAProxy 的常用命令如下所示：

```
# 检查配置文件语法
haproxy -c -f /etc/haproxy/haproxy.cfg

# 以 systemd 管理的 daemon 模式启动
haproxy -D -f /etc/haproxy/haproxy.cfg [-p /var/run/haproxy.pid]
haproxy -Ds -f /etc/haproxy/haproxy.cfg [-p /var/run/haproxy.pid]

# 启动调试功能，将所有连接和处理信息都显示在屏幕上
haproxy -d -f /etc/haproxy/haproxy.cfg

# 重启，使用 st 选项指定 pid 列表
haproxy -f /etc/haproxy.cfg [-p /var/run/haproxy.pid] -st `cat /var/run/haproxy.pid`

# graceful restart, 即 reload。使用 sf 选项指定 pid 列表
haproxy -f /etc/haproxy.cfg [-p /var/run/haproxy.pid] -sf `cat /var/run/haproxy.pid`

# 显示 HAProxy 编译和启动信息
haproxy -vv
```

5. 高可用总结

高可用有诸多架构可供参考，具体如下。

- Nginx + Tomcat：负载均衡高可用 Tomcat 架构。该架构只高可用了 Tomcat，若部分 Tomcat 出现异常宕机，则 Nginx 可以不把任务发送到异常宕机的 Tomcat 上，从而保证了 Tomcat 的高可用，但是却没有对 Nginx 进行高可用处理，即如果 Nginx 服务器出现异常宕机，则即使多台 Tomcat 正在良好运行，也无法提供服务。这种架构属于伪高可用架构，即不完全高可用架构。

- Keepalived + Nginx + Tomcat：基于 Keepalived 的负载均衡高可用 Tomcat 架构。后文会对该架构进行详解。
- LVS + Nginx + Tomcat ：基于 LVS 的负载均衡高可用 Tomcat 架构。与 Keepalived + Nginx + Tomcat 类似，也可架构成 LVS+Keepalived+Nginx+Tomcat 的形式，但是通常不建议负载均衡层数过多，因为管理困难。
- HAProxy+MyCAT+MySQL：基于 HAProxy 与 MyCAT 的负载均衡高可用 MySQL 架构。这是当前最流行的 MySQL 负载均衡高可用架构。
- Keepalived+HAProxy+MySQL：基于 HAProxy 与 Keepalived 的负载均衡 MySQL 架构（该架构容易出现"脑裂"情况，即在高可用架构中，当联系两个节点的"心跳线"断开时，本来为一整体、动作协调的 HA 系统，就分裂成两个独立的个体。由于相互失去了联系，并且都以为是对方出现了故障，进而争抢"共享资源和"应用服务"，引发严重后果——要么共享资源被瓜分、两边"服务"都起不来了；要么两边"服务"都起来，但同时读写"共享存储"，导致数据损坏。
- Redis+Twemproxy+HAProxy：基于 HAProxy 与 Twemproxy 的负载均衡高可用分片 Redis 架构。
- Netty+HAProxy：基于 HAProxy 与 Nginx 的网络通信架构。

负载均衡的本质是使用多台服务器同时运行某一应用程序，达到压力分流的结果。

高可用的本质是在负载均衡环境下，多台服务器同时运行某一应用程序，即便其中一台服务器崩溃或宕机，也不会影响整体服务的提供。

当前的高可用更倾向于使用更高层的中间件部署多台相同的应用程序。例如，Nginx+Tomcat 架构，其负载均衡的 N 台 Tomcat，如果其中 M 台出现宕机或无法响应的情况，则 Nginx 仍然可以正常提供 Tomcat 容器内的应用程序。

通常以 TCP 或 HTTP 方式增加中间件的架构时，只需对接中间件节点即可。例如，Nginx+Tomcat 架构可对接 Nginx 节点，而不需要理会具体的 Tomcat 地址，因为 Nginx 会替用户进行转发。如果是 Keepalived+Nginx+Tomcat 架构，则只对接 Keepalived 地址即可，不需要理会 Nginx 与 Tomcat 的地址。本文使用的是 HAProxy+MyCAT+MySQL 架构，如果使用 Java 程序对接，则只需整合 HAProxy 文中配置的地址即可，不需要理会 MyCAT 与 MySQL 的地址。Java 对接 HAProxy 的配置如下所示：

```
jdbc:mysql://192.168.112.156:48066/mytest?useUnicode=true
```

无论哪种（LVS、Keepalived、HAProxy 和 Nginx）HTTP 负载均衡中间件，都包含自身的负载均衡算法，具体使用方式可以根据自身应用程序、业务和环境进行配置。例如，读多写少、读少写多、昼夜读取量差别过大、服务器多但单台性能并不好、只有一台服务器性能特别好但其他服务器性能相对一般、只有两台可使用的服务器、业务数据量不同等。

## 第 9 章

MySQL 性能监控解决方案：Prometheus+Grafana

9.1　问题描述

在对 MySQL 进行主从复制、分库分表等架构之后，MySQL 的节点数量变得越来越多，无法实时监控到每一台 MySQL 节点，此时应当如何处理？

9.2　问题分析与解决方案

针对在 9.1 节中的问题，需要用 Prometheus + Grafana 对服务器进行统一监控、规划与报警，时刻关注服务器的响应情况。当出现宕机或异常时，Grafana 可迅速通过短信、钉钉、邮件等方式通知相关人员，进而快速对生产环节进行补救。

9.3　Prometheus 概述与适用场景

Prometheus 是一个开源的服务监控系统和时间序列数据库，Kubernetes（k8s）内部使用的就是 Prometheus 数据库。Kubernetes 的流行，带动了 Prometheus 社区的发展。Prometheus 在大规模数据管理与读取上，比传统的 NoSQL 数据库要快很多。在数据压缩上，Prometheus 具有高效压缩数据的算法，节省了存储空间，可有效减少服务器 I/O 的瓶颈。

Prometheus 的适用场景如下：

（1）部署监控服务器，实现 7×24 实时监控。

（2）针对公司的业务及研发部门设计监控系统，对监控项和触发器给出合理意见。

（3）做好问题预警机制，对可能出现的问题及时告警并形成严格的处理机制。

（4）做好监控告警系统，要求可以实现告警分级（一级报警电话通知、二级报警微信通知、三级报警邮件通知）。

（5）处理好公司服务器异地集中监控的问题。

Prometheus 的主要特征：

（1）多维度数据模型。

（2）灵活的查询语言。

（3）不依赖分布式存储，单个服务器节点是自主的。

（4）以 HTTP 方式通过 pull 模型拉取时间序列数据。

（5）通过中间网关支持 push 模型。

（6）通过服务发现或者静态配置发现目标服务对象。

（7）支持多种多样的图表和界面展示，例如 Grafana。

9.4　时序数据库概述与适用场景

在工作中，时序数据库（TimeSeries DataBase，TSDB）主要记录按照时间顺序进行管理的数据。这些以时间为变化的数据被统称为时序数据。时序数据库对该类数据有更好的读取性能，其应用场景如下所示：

（1）Linux 服务器每秒的 CPU 占用百分比、内存占用百分比、硬盘占用百分比等相关数据。

（2）无人汽车每秒的速度、油耗、方向、地理位置等相关数据。

（3）无人机每秒的经纬度、飞行高度、地理位置等相关数据。

（4）证券中心每秒开盘的行情数据、资金流数据。

（5）银行账号每天、每周的存款数据。

时序数据库并不要求数据实时更新，只是需要以时间作为变化单位而已，所以银行账号同样适用于时序数据库，但仅限于展示数据的可视化及数据的变化。时序数据库的安全性不如关系数据库。

9.5 Grafana 概述与适用场景

Grafana 是开源的可视化和分析软件，可以对数据进行可视化和报警，提供了把时序数据转换成漂亮图形并进行可视化的工具。

Grafana 可独立部署，也就是说，Grafana、Prometheus 和 MySQL 可被部署在 3 台不同的服务器上。除 Prometheus 外，Grafana 还可集成 InfluxDB、MySQL 和 Elasticsearch 等数据源。

9.6 构建 Prometheus + Grafana 监控实战

1. 安装 Prometheus

输入下面的命令，下载 Prometheus：

```
wget https://github.com/prometheus/prometheus/releases/download/v2.3.0/
prometheus-2.3.0.linux-amd64.tar.gz
```

输入下面的命令，解压缩 Prometheus 安装包：

```
tar -zxvf prometheus-2.3.0.linux-amd64.tar.gz -C /usr/local/
```

初次运行 Prometheus 程序：

```
./prometheus --config.file="prometheus.yml"
```

启动之后，可以通过 Prometheus 内置的 Web 页面进行查看，地址为服务器 IP:9090，如 图 9-1 所示。

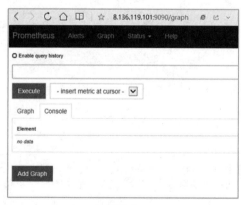

图 9-1

在图 9-1 中可以输入想要查询的字段，并单击 Execute 按钮，使用 Graph 显示相应时间序列的折线图，如图 9-2 所示。

图 9-2

单击 Status 下拉框中的 Targets 按钮，可查看当前 Prometheus 监控了哪些服务器。目前 Prometheus 只监控了本机，如图 9-3 所示。

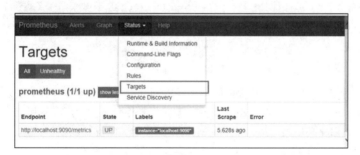

图 9-3

2. Prometheus 的内部插件介绍

Prometheus 的内部插件如表 9-1 所示。

表 9-1

插件或程序名称	释　义
prometheus	基本程序包

插件或程序名称	释　　义
alertmanager	报警插件
blackbox_exporter	网络监控插件
consul_exporter	Consul 注册中心监控插件
graphite_exporter	Graphite Metrics 监控插件
haproxy_exporter	HAProxy 负载均衡器监控插件
memcached_exporter	非关系数据库 MemCache 监控插件
mysqld_exporter	关系数据库 MySQL 监控插件
node_exporter	主机 CPU、内存、磁盘等相关硬件指标监控插件
pushgateway	数据汇总插件
statsd_exporter	接收聚合值插件

- prometheus 是基本程序包，是必须下载的，后续插件可以在自身业务的基础上，酌情下载并集成到 prometheus 之上。
- alertmanager 是一个独立的报警插件，可以接收 Prometheus 等客户端发来的警报，之后通过分组、删除重复警报等处理，将它们通过路由发送给正确的接收器。报警方式可以按照不同的规则发送给不同的模块负责人。alertmanager 既支持 E-mail、Slack 等报警方式，也可以通过 Webhook 接入钉钉等国内 IM 工具。在 Prometheus+Grafana 架构上，Grafana 同样包含报警模块，警报可以推送给钉钉、邮箱等不同渠道，所以对 alertmanager 插件可以酌情下载与使用。
- blackbox_exporter 是网络监控插件，可以提供 HTTP、DNS、TCP、ICMP 的监控数据采集，包括连接性状态、SSL 状态、HTTP 状态、HTTPS 耗时、服务连通信统计、总耗时统计等。
- consul_exporter 是用来监控 Consul 注册中心的插件，主要监控内容为 Consul 中的 KV 节点的健康状态与服务检查、集群有多少节点、提供的服务有多少节点、集群提供多少服务等。
- graphite_exporter 是用来监控 Graphite Metrics 的插件。Graphite 用来收集度量标准，通常采用 Grafana+Prometheus+graphite_exporter 插件+Spark 的架构形式监控 Spark 上的数据。该架构首先需要配置 Spark，将 Metrics 报告传入 graphite_exporter 插件的 Graphite 内，此后由 graphite_exporter 插件转化数据并交由 Prometheus 进行存储，Grafana 负责读取 Prometheus 中的数据。与之类似的还有 Grafana + .txt 文件 + Telegraf + InfluxDB 架构，即由 Telegraf 读取.txt 文件中的数据进行解析并传入 InfluxDB 中，Grafana 负责读取 InfluxDB 中的数据。

注意：Telegraf 是由 Go 语言编写的 InfluxDB 对外读取数据的数据驱动软件，该驱动内部设置了各种可插拔的插件。使用这些插件可以读取除.txt 文件外的一系列数据，如 HTTP 接口、服务器 CPU、服务器内存 MEM、服务器 I/O、服务器硬盘等。

- haproxy_exporter 是使用 Go 语言编写的用来监控 HAProxy 负载均衡器的插件。它通过 HTTP 使用 HAProxy 所给出的 URL 地址读取相关数据。
- memcached_exporter 是用来监控 MemCache 的插件，可以通过设置导出关于 MemCache 进程本身的指标及大量的统计信息数据。
- mysqld_exporter 是用来监控 MySQL 的插件，可以收集 InnoDB 引擎状态、TokuDB 引擎状态、心跳、InnoDB 引擎缓冲池状态、数据库表相关的状态等一系列内容。
- node_exporter 是用来监控主机 CPU、内存、磁盘等相关硬件指标的插件。因为 node_exporter 是为了监控主机系统而设计的，所以不建议将其部署为 Docker 容器。如果必须将其部署为 Docker 容器，则需要增加一些额外的配置参数，以便 node_exporter 能够访问 Linux 的一些命名空间（文件）。例如，通过/proc/net/arp 访问公开的 ARP 统计信息，通过/sys/fs/bcache 访问公开的 bcache 统计信息，通过/proc/net/ip_vs、/proc/net/ip_vs_stats 访问公开的 ipv 状态信息，通过/proc/net/udp 和/proc/net/udp6 访问 UPD 队列的长度信息，通过/proc/net/netstat 访问公开的 netstat 网络统计信息，等等。node_exporter 在一台服务器上只能启动一个进程，不可多次重复启动，以免造成数据的失真与损坏。
- pushgateway 插件是一个独立服务，位于应用程序发送指标与 Prometheus 服务器之间。示例命令如下所示：

```
echo "some_metric 3.14" | curl --data-binary @- http://pushgateway.example.org:
9091/metrics/job/some_job
```

- statsd_exporter 插件可以通过 UDP 接收 StatsD 风格的度量，并把它们作为 Prometheus 度量导出。StatsD 是一个简单的网络守护进程，它基于 Node.js 平台，通过 UDP 或者 TCP 方式侦听各种统计信息，包括计数器和定时器，并发送聚合信息到后端服务，如 Graphite。

3. 使用 Prometheus 远程监控 Linux

从远程主机上下载 node_exporter 插件，命令如下所示：

```
wget https://github.×××/prometheus/node_exporter/releases/
download/v1.1.0/node_exporter-1.1.0.linux-386.tar.gz
```

解压缩下载的 node_exporter 插件，命令如下所示：

```
tar -zxvf node_exporter-1.1.0.linux-386.tar.gz
```

在 node_exporter 中只有一个执行程序，启动 node_exporter 的命令如下所示：

```
./node_exporter
```

node_exporter 的默认启动命令为 9100，可通过 netstat 命令查看 9100 端口是否执行正常，命令如下所示：

```
netstat -anpt|grep 9100
```

在 Prometheus 所在的服务器上更改 prometheus.yml 文件，对接 node_exporter 插件所在服务器的 9100 接口。在 prometheus.yml 文件结尾处增加如下配置：

```
- job_name: 'mynode_ex'
  static_configs:
  - targets: ['8.136.119.101:9100']
```

job_name 的后面是自定义名称，可随意书写；在 targets 后面的方括号中可以输入多个 TCP 地址，并以逗号","进行分隔。更改 prometheus.yml 文件后，重启 Prometheus 程序，在 Prometheus 的 Web 页面处可以查看新增的监控地址和图表，如图 9-4 与图 9-5 所示。

图 9-4

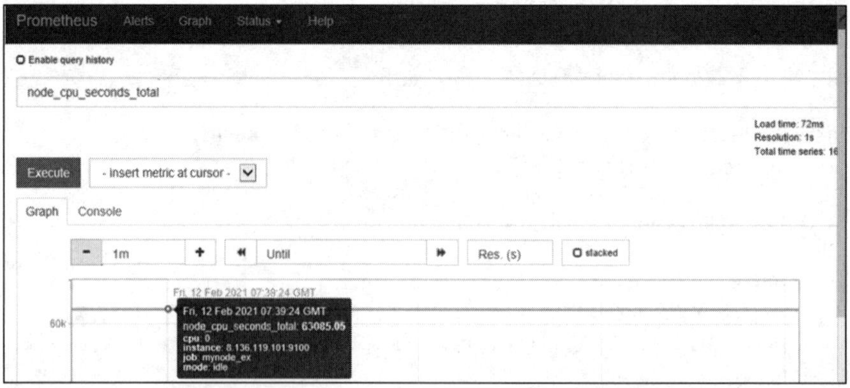

图 9-5

4. 使用 Prometheus 远程监控 MySQL

输入下面的命令下载 mysqld_exporter 插件：

```
wget https://github.com/prometheus/mysqld_exporter/releases/download/v0.10.0/
mysqld_exporter-0.10.0.linux-amd64.tar.gz
```

输入下面的命令解压缩 mysqld_exporter-0.10.0.linux-amd64.tar.gz 文件：

```
tar -zxvf mysqld_exporter-0.10.0.linux-amd64.tar.gz
```

在 MySQL 控制台中添加用户名及角色权限。这里的 mysqld_exporter 插件与 MySQL 在同一台服务器上。mysqld_exporter 插件通过新添加的用户名与 MySQL 进行通信，而 Prometheus 只与 mysqld_exporter 插件进行通信，Prometheus 与 MySQL 并不直接关联。

```
CREATE USER 'my_exporter'@'localhost' IDENTIFIED BY 'MyPassWord!';
GRANT ALL PRIVILEGES ON *.* TO 'my_exporter'@'localhost'  IDENTIFIED BY 'MyPassWord!';
FLUSH PRIVILEGES;
```

编写 mysqld_exporter 插件的配置文件.my.config，在配置文件中输入 MySQL 对应的用户账号及密码，内容如下所示：

```
[client]
user=my_exporter
password=MyPassWord!
```

执行下面的命令启动 mysqld_exporter 插件：

```
./mysqld_exporter --config.my-cnf=./.my.config
```

mysqld_exporter 插件的默认启动命令为9104。可以通过下面的命令查看9104端口是否执行正常，命令如下所示：

```
netstat -anpt|grep 9104
```

在 Prometheus 所在的服务器上更改 prometheus.yml 文件，对接 mysqld_exporter 插件所在服务器的 9104 端口。在 prometheus.yml 文件结尾处增加如下配置：

```
 - job_name: 'mysql_ex'
   static_configs:
   - targets: ['8.136.119.101:9104]
```

重启 Prometheus，Web 页面如图 9-6 和图 9-7 所示。

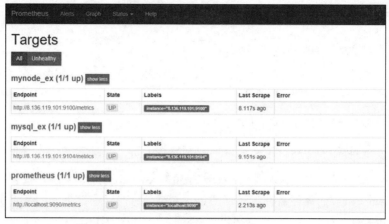

图 9-6

图 9-7

5. 安装 Grafana

下载 Grafana 可视化工具，命令如下所示：

```
wget https://dl.grafana.com/oss/release/grafana-7.4.1-1.x86_64.rpm
```

安装 Grafana 相关字库，命令如下所示：

```
yum -y install fontconfig
yum -y install urw-fonts
```

安装 rpm 文件，命令如下所示：

```
yum install grafana-7.4.1-1.x86_64.rpm
```

也可以通过 rpm 方式安装 Grafana，命令如下所示：

```
rpm -ivh grafana-5.3.4-1.x86_64.rpm
```

查看 Grafana 文件的相关地址，如图 9-8 所示。

```
[root@iZbp1h6qetif8emhd3jer0Z grafana]# find / -name 'grafana*'|grep -v share
/var/log/grafana
/var/lib/grafana
/usr/lib/systemd/system/grafana-server.service
/usr/lib/python2.7/site-packages/sos/plugins/grafana.pyc
/usr/lib/python2.7/site-packages/sos/plugins/grafana.pyo
/usr/lib/python2.7/site-packages/sos/plugins/grafana.py
/usr/sbin/grafana-server
/usr/sbin/grafana-cli
/etc/grafana
/etc/grafana/grafana.ini
/etc/rc.d/init.d/grafana-server
/etc/sysconfig/grafana-server
/data/grafana
/data/grafana/grafana-5.3.4-1.x86_64.rpm
[root@iZbp1h6qetif8emhd3jer0Z grafana]#
```

图 9-8

更改/etc/grafana/grafana.ini 配置文件中的绑定 IP 地址（输入 grafana 服务器的 IP 即可），命令如下所示：

```
;domain = 8.136.119.101
```

启动 Grafana，命令如下所示：

```
systemctl start grafana-server         #启动
systemctl enable grafana-server        #配置开机启动
systemctl status grafana-server        #查看当前 Grafana 状态
```

打开 Grafana 页面，如图 9-9 所示。

图 9-9

默认账号和密码均为 admin，初次进入后需要填写新密码并确认。更改新密码后，展示页面如图 9-10 所示。

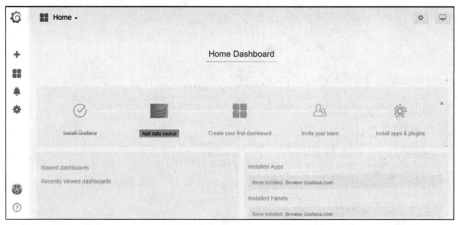

图 9-10

6. 为 Grafana 配置 Promtheus 数据源

单击左侧任务栏中的 Configuration→Data Sources 选项，如图 9-11 所示。

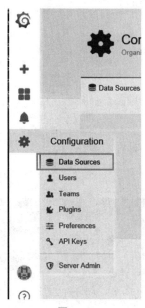

图 9-11

在展开的 Configuration 页面中单击 Add data source 按钮，输入 Promtheus 相关的配置信息，如图 9-12 和图 9-13 所示。

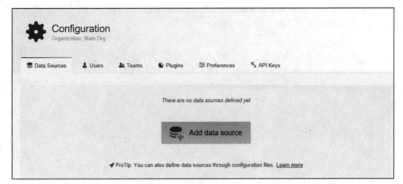

图 9-12

图 9-13

再次单击 Data Sources 选项，可以看到刚刚配置的 myPrometheus，如图 9-14 所示。

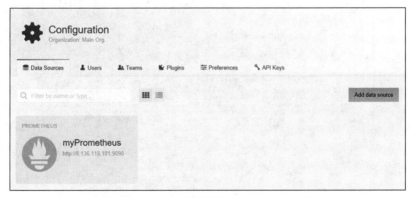

图 9-14

7. Grafana 图表 Graph 配置

单击左侧任务栏中的 Create→Dashboard→Graph 选项，如图 9-15 所示。

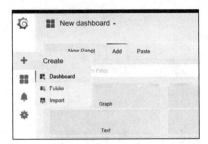

图 9-15

单击 Panel Title→Edit 选项，配置图表，如图 9-16 所示。

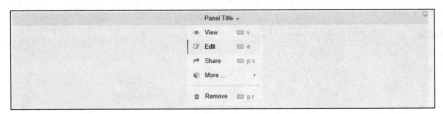

图 9-16

配置图表参数如图 9-17 所示，也可以单击 Add Query 按钮，选择查询多个参数，选择后，这些参数将在一个图表中展示。

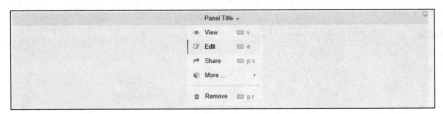

图 9-17

若想查询详细的地址或 job，则可以在 A 查询处增加条件：

`node_cpu_seconds_total{instance="8.136.119.101:9100",job="mynode_ex",mode="user"}`

图形展示变化如图 9-18 所示。

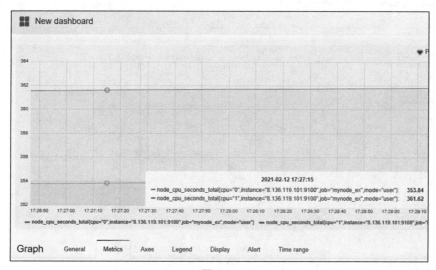

图 9-18

配置完之后，单击右上角的 Save dashboard 按钮，在 Grafana 内部进行保存。也可以单击 Settings 按钮保存为 JSON 文件，以免 Grafana 崩溃而直接丢失图表配置。JSON 文件的内容如　图 9-19 所示。

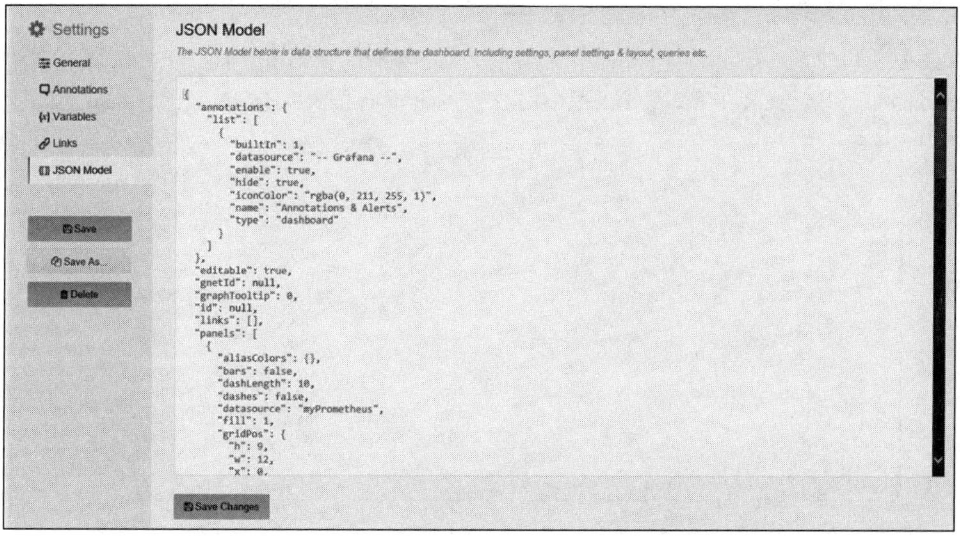

图 9-19

8. 使用 Grafana 的图表模板

虽然 Grafana 提供了极多的图表规划体验，例如，线条的颜色、条件展示位置、上升和下降箭头、折线图、饼状图、线条图等，但是每次设置未免过于复杂，通常使用 Grafana 官方的图表模板即可。其中，大部分所包含的内容都在图表模板上，不需一一配置，如图 9-20 所示。

图 9-20

单击图 9-15 中的 "Create" → "Import" 选项，导入模板。在第 1 个输入框中输入 Dashboard 官网的编号例如 1010，或者在第 2 个输入框中粘贴整个 Grafana 图表的 JSON 数据，如图 9-21 所示。

图 9-21

单击 Load 按钮之后，更改 Import 页面中的 Name（即 Dashboard 的名称），以及 VictoriaMetrics
处的数据源，如图 9-22 所示。

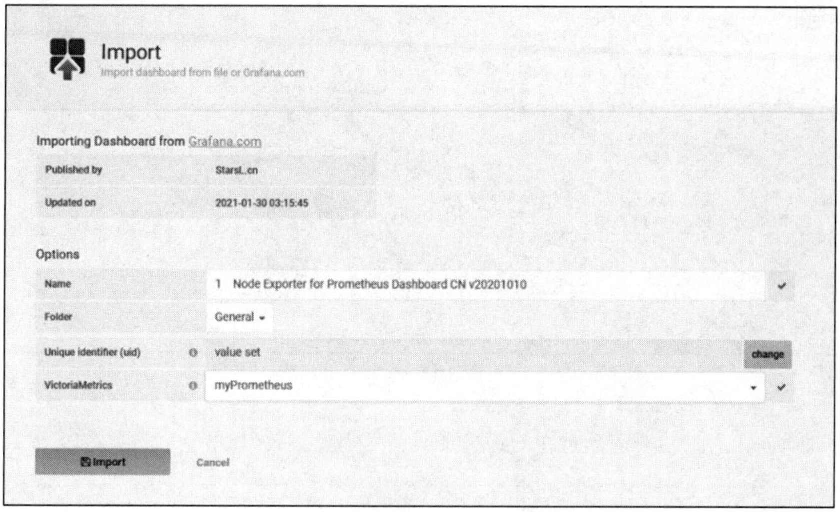

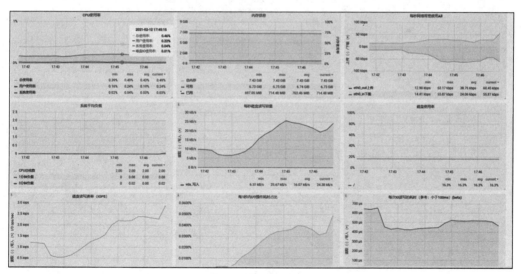

图 9-22

node_exporter 数据导入模板的结果如图 9-23 所示（导入的模板不同，展示的结果也不同）。

图 9-23

mysql_exporter 数据导入模板的结果如图 9-24 所示。

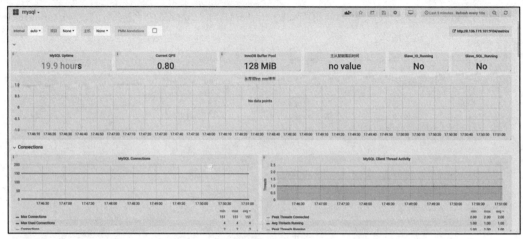

图 9-24

导入图表后，在右上角可选择时间的跨度及刷新频率等参数，如图 9-25 所示。

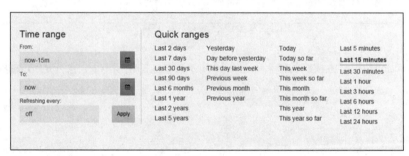

图 9-25

9. 使用 Grafana 的报警功能

更改 Grafana 的配置文件 default.ini，如图 9-26 所示。

```
##### SMTP / Emailing #####
[smtp]
enabled = false
host = xxx@xxxxx.com:25
user =
password =
cert_file =
key_file =
skip_verify = false
from_address = admin@grafana.localhost
from_name = Grafana
ehlo_identity =
```

图 9-26

单击 Alerting→Notification channels 选项，配置 Grafana 账号绑定的邮箱，如图 9-27 所示。

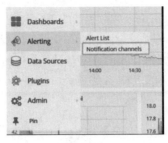

图 9-27

设置邮箱地址，如图 9-28 所示。

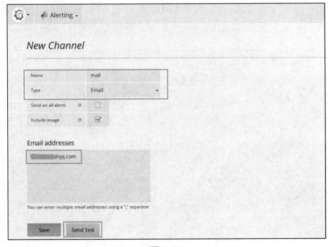

图 9-28

配置 Grafana 图表报警条件，如图 9-29 所示。

在 Grafana 的图表里选择 Alert，配置相关的 Alert 报警。这里可以配置的是报警的阈值和报警条件。

- Conditions 中的 WHEN avg() OF query(A, 5m,now) IS ABOVE 3000：A 指的是之前写的 A 语句，now 和 5m 指的是从现在起往回五分钟。
- Evaluate every：指多久检测一次。
- If execution error or timeout：如果出现大于 3000 次的 error，则发送邮件。在邮件标题开头写上【Alerting】。
- If no data all values are null：当所有的数据为空时发送邮件，在邮件标题开头写上【No Data】。

当然，上面条件中的 IS ABOVE 和 WHEN 也可以更改。

Test Rule 尤其重要。这里可以用 Java 接收返回的 JSON，也可以用来测试当前预警是否成功。当 state 为 ok 时，表示该监控没有问题。当 state 为 Alerting 时，表示该监控有问题，需要发送邮件。alert 表示当数据达到发送监控要求时，哪怕目前数值持续性达到发送监控要求，也只会发送一封邮件。但是若在发送邮件之后，该数据又达到 ok 范围内，则 Grafana 会发送以【OK】为标题开头的邮件，表示该监控已经正常。

Test Rule 的 conditionEvals 会判断当前数据是否处于监控语句标准，若为 true，则表示需要发送邮件。

另外，Grafana 支持多个监控语句判定。可以单击+按钮，此时 Grafana 会让你选择 and 或 or。如果选择 and，则必须所有语句都达到监控范围才发送邮件；如果选择 or，则只需有一条语句达到监控范围就会发送邮件。而在 Test Rule 的 conditionEvals 处，会出现[true or false]=true。

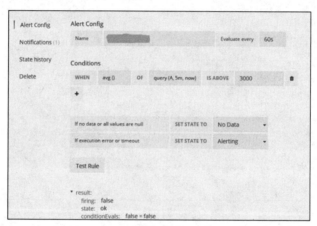

图 9-29

Grafana 的报警结果如图 9-30 所示。

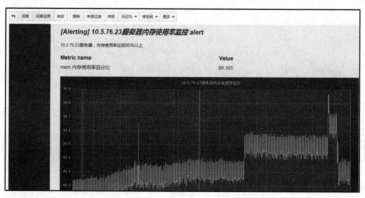

图 9-30

第 10 章

堆内缓存解决方案：Java 堆内缓存与 Guava Cache

10.1　问题描述

当数据库臃肿性能不佳时，需要通过多层缓存的方式，在不同层级上设置缓存，减少数据库的连接次数与查询次数。假设有这样一个场景，首先查询一次堆内缓存，如果没有命中堆内缓存，则需要在 MySQL 中进行查询，然后将查询结果放置在堆内缓存中，以免下次查询不到，最后返回数据。这种方案比较常见，但是会出现许多细节上的问题，例如：

（1）缓存穿透：DB 中不存在数据，每次都穿过缓存查询 DB，当给 DB 造成较大压力时应当如何处理？

（2）缓存击穿：在缓存失效的瞬间涌入大量请求，造成 DB 的压力瞬间增大，此时应当如何处理？

（3）缓存雪崩：大量缓存设置了相同的失效时间，使得性能瞬间急剧下降，此时应当如何处理？

（4）JDK 中主要包含几种缓存形式？

10.2　问题分析与解决方案

针对在 10.1 节中提出的问题，均可使用 Java 堆内缓存和 Guava Cache 解决。Java 堆内缓存是 Java 在运行或初始化时创建的 List、Map 等全局变量容器。用户不仅可以用该容器存放数据，还可以从该容器中获取数据，而不需要从 MySQL 等数据库中获取，所以避免了缓存穿透等问题。

Guava Cache 是 Google 公司开发的 Java 堆内缓存工具包（框架），它包含了若干被 Google 公司的 Java 项目广泛依赖的核心库。例如，集合、缓存、原生类型支持、并发库、通用注解、字符串处理和 I/O 等。所有这些工具每天都被 Google 公司的工程师应用在产品服务中。

10.3　Java 堆内缓存

10.3.1　Java 堆内缓存原理

在 JDK 中，堆内缓存容器有 HashMap、CopyOnWriteArrayList 和 ConcurrentHashMap 等，用户完全不必在意数据的分配、溢出和回收等操作，可全部交由 JVM 处理。由于 JVM 提供了诸多的垃圾回收算法，可以保证在不影响甚至微影响系统的前提下，做到对堆内缓存接近完美的管控。

堆内缓存与磁盘缓存相比减少了 I/O 操作，因此速度更快，效率更高。对于 Redis 等 NoSQL 缓存来说，堆内缓存减少了网卡流量的压力，不会因为网速的限制而出现性能的瓶颈。从本质上来看，堆内缓存是以牺牲内存为代价来减少 I/O 压力、网卡压力和 CPU 压力的。堆内缓存的速度最快，但也有很多缺点。例如，不能按照一定规则淘汰数据，缺少定制功能，缺少回调功能，有线程安全、容量溢出、垃圾回收发生卡顿等问题。

Java 集合容器框架主要有四大类别：List、Set、Queue 和 Map，其分别包含线程安全与线程不安全两种实现方式。

在多线程高并发下，线程安全的容器通常使用快速失败模式进行构造，而线程不安全的容器通常使用安全失败模式进行构造。线程安全的容器通常在容器中使用 synchronized 关键字加锁，而线程不安全容器通常没有使用 synchronized 关键字加锁，所以从加锁角度来看，线程不安全容器的性能要高于线程安全容器的性能。

堆内缓存通常使用多线程高并发的 Java 集合容器框架，以免造成数据损坏或丢失。Guava Cache 同样是多线程高并发的 Java 集合容器框架，但是与 java.util.concurrent 并发包下的容器相比，实现的功能更多，性能更好，使用起来也更轻松。

需要注意的是，堆内缓存占用大小要低于 JVM 大小，并且当堆内缓存使用过量时可能会出现频繁垃圾回收的情况，尤其注意不要出现 Full GC 和 Dumping heap 的情况，否则用堆内缓存提升性能的举动将将得不偿失，反而会提高系统压力，降低系统性能。

如果担心 JVM 存储的情况，则可以在本地更改 JVM 启动命令，将配置调低，测试相应情况是否会出现。或者模拟生产环境，观察是否能够承受相应的缓存大小。

假设使用 Map 存储 key 为 String，value 为 JSON，并且单个 JSON 大小为 1.3KB 的数据，共存储一百万条，则仅此 Map 就需要约 1GB 的 JVM。以此数值对比 JVM 的-Xmx 最大堆大小，方可知道当前 JVM 最大堆内存是否能够支撑所有的缓存。通过 Linux 系统的 top 命令进行查看后进行调试，争取把 JVM 最大堆大小设置到合理数值，并且最大堆大小足以承受当前堆内缓存的容量。

10.3.2　Java 堆内缓存中的常见算法及实战

Java 堆内缓存中的常见算法如下。

1. 快速失败

快速失败（fail-fast）是 Java 编程中的常见概念，它在 java.util 包中被频繁使用。无论迭代器由何种方式创建，除非迭代器自身进行增删等相关操作，否则在修改了容器中的数据之后，迭代器都会抛出 ConcurrentModificationException 异常，进行彻底且迅速的失败，而不是贸然将数据返回。因此如果是并发修改数据，则容器将直接抛出异常。

通常来说，迭代器的快速失败行为是无法被保证的，所以不能依赖此特性编写程序。面对迭代器的快速失败，正确做法是检测 bug 及相关错误。由此可见，当用迭代器遍历一个集合对象时，如果在遍历过程中对集合对象的内容进行了修改（增加、删除、修改），则会抛出 ConcurrentModificationException 异常。

快速失败的原理是，迭代器在遍历时直接访问集合中的内容，并且在遍历过程中使用了一个 modCount 变量。集合在被遍历期间，如果它的内容发生了变化，就会改变 modCount 变量的值。迭代器在使用 hashNext()/next 遍历下一个元素之前，会先检测 modCount 变量是否为预期值，是就返回遍历；否则抛出异常，终止遍历。

java.util 包下的容器都为快速失败类型的容器。Java 快速失败的代码如下所示：

```
package com.zfx;

import java.util.ArrayList;
import java.util.Iterator;
import java.util.List;

public class test1 {
    public static void main(String[] args) {
        List<String> list = new ArrayList<>();
        list.add("1");
        list.add("2");
        list.add("3");
```

```
        list.add("4");
        list.add("5");

        Iterator<String> iterators = list.iterator();
        while(iterators.hasNext()){
            System.out.println(iterators.next());
            list.add("gg");//由于在迭代过程中进行了修改，导致快速失败
        }
    }
}
```

执行结果如下所示：

```
1
Exception in thread "main" java.util.ConcurrentModificationException
    at java.util.ArrayList$Itr.checkForComodification(ArrayList.java:909)
    at java.util.ArrayList$Itr.next(ArrayList.java:859)
    at com.zfx.test1.main(test1.java:18)
```

生成这个结果的原因是，java.util.ArrayList 的迭代器 Iterator 的 next 函数抛出了 ConcurrentModificationException 异常，其 next 函数如下所示：

```
public E next() {
    this.checkForComodification();
    int var1 = this.cursor;
    if (var1 >= ArrayList.this.size) {
        throw new NoSuchElementException();
    } else {
        Object[] var2 = ArrayList.this.elementData;
        if (var1 >= var2.length) {
            throw new ConcurrentModificationException();
        } else {
            this.cursor = var1 + 1;
            return var2[this.lastRet = var1];
        }
    }
}
```

2. 安全失败

采用安全失败（fail-safe）机制的集合容器，在遍历时并不直接访问集合内容，而是先复制原有集合内容，再在拷贝的集合上进行遍历，因此不会触发 ConcurrentModificationException 异常。

java.util.concurrent 并发包下的容器都是安全失败类型的容器，可以在多线程下并发使用、并发

修改。java.util.concurrent 并发包下的容器都被称之为并发容器，而 HashMap 和 ArrayList 不能作为并发容器使用。在 java.util.concurrent 并发包下，主要包含 ConcorrenctHashMap、CopyOnWriteArrayList、ReentrantLock、ReentrantReadWriteLock、CyclicBarrier、CountDownLatch、Semaphore 和 Exchanger 等相关容器。

安全失败与快速失败相比，更加消耗内存，但是性能也更好，是一种以空间换时间的做法。将快速失败案例中的 ArrayList 实现换成 CopyOnWriteArrayList 实现，即可体验 Java 安全失败，代码如下所示：

```java
package com.zfx;

import java.util.Iterator;
import java.util.List;
import java.util.concurrent.CopyOnWriteArrayList;

public class test1 {
    public static void main(String[] args) {
        List<String> list = new CopyOnWriteArrayList<>();
        list.add("1");
        list.add("2");
        list.add("3");
        list.add("4");
        list.add("5");

        Iterator<String> iterators = list.iterator();
        while(iterators.hasNext()){
            System.out.println(iterators.next());
            list.add("gg");
        }
    }
}
```

执行结果如下所示：

```
1
2
3
4
5
```

生成这个结果的原因是，java.util.concurrent.CopyOnWriteArrayList 的迭代器 Iterator 的 next 函数没有抛出 ConcurrentModificationException 异常，其 next 函数如下所示：

```java
    public E next() {
```

```
        if (! hasNext())
            throw new NoSuchElementException();
        return (E) snapshot[cursor++];
    }
```

3. 无锁算法

CAS 算法是一个有名的无锁算法，它是区别于同步锁（Synchronized）的一种乐观锁。当多个线程同时尝试使用 CAS 算法并更新同一个变量时，只有一个线程能更新变量的值。失败的线程并不会被挂起，而是被告知在这次竞争中失败，可以再次尝试。当然也允许失败的线程放弃操作。基于这样的原理，即使没有锁，CAS 算法也可以发现其他线程对当前线程的干扰，并进行恰当的处理。

CAS 算法对死锁问题天生免疫，并且线程间的相互影响远远小于基于锁的方式。更为重要的是，使用无锁的方式不仅完全没有锁竞争带来的系统开销，而且没有线程间频繁调度带来的开销，因此，它的性能更优越。

CAS 算法中通常包含三个参数：

（1）要更新的变量（旧值）。

（2）预期的旧值。

（3）新值。

仅当"要更新的变量（旧值）"与"预期的旧值"相同时，才会将"新值"设为"要更新的变量（旧值）"。如果"要更新的变量（旧值）"和"预期的旧值"不同，则说明已经有其他线程做了更新，因而当前线程什么都不做。最后，CAS 算法返回当前"要更新的变量（旧值）"。

用 Java 实现 CAS 算法的代码如下所示：

```java
class MyCAS {
    private int value;//要更新的变量（旧值）
    public int get() {
        return value;
    }
    public boolean set(int expectedValue, int newValue) {
            int oldValue = value;
        if (oldValue == expectedValue) {
            value = newValue;
        }
        return value == expectedValue;
    }
}
```

```
//调用 MyCAS 代码
    public static void main(String[] args) {
        MyCAS myCAS = new MyCAS();
        boolean flag = myCAS.set(0, 1);
        System.out.println("flag:"+flag+",get():"+myCAS.get());
        //执行结果：flag:false,get():1
    }
```

即使在代码中并没有使用 synchronized 之类的关键字和锁，仍然可以保证数据的安全性，这便是 CAS 算法的初衷。在上述代码中如果 "要更新的变量（旧值）" 与 "预期的旧值" 不符，则无法赋予 "新值"。

上述代码为了显示直观，将值的类型设置为 int。此处用任何类型皆可，包括 String、Object、Map、Set 和 List 等，也可以多写一些功能性函数。注意，当值的类型不是 int 时，要增加各种非空验证，并及时抛出异常。

4. 分段锁算法

下面通过 Map 中的 Key-Value 结构简易理解分段锁（Segment）算法。它并是不给整体的 Map 进行上锁，而是给 Map 中单独的 key 值进行上锁。当请求该 key 值时，需要先请求锁，这样即可保证 Map 响应的性能和效率。当不是所有请求都竞争 Map 内的一个锁时，可避免对整个 Map 的锁定。可能出现几十个线程请求同一个 Map 的情况，但是请求的是该 Map 内的十几个锁。

用 Java 实现分段锁算法的代码如下所示：

```
class MySegmentMap<K,V> implements Serializable{
    private HashMap<K, V> hashMap;
    public MySegmentMap() {
            hashMap = new HashMap<>();
    }
    public V put(K key, V value) {
            synchronized (key) {
                    try {
                            Thread.sleep(1000000000);
                            return hashMap.put(key, value);
                    } catch (Throwable e) {}
            }
            return null;
    }
    public V get(K key) {
            synchronized (key) {
                    try {
                            return hashMap.get(key);
```

```
                    } catch (Throwable e) {}
                }
                return null;
        }
    }
```

上述代码中的 Thread.sleep 可用来测试分段锁是否真实生效，测试代码如下所示：

```
public class Segment_MAIN {
    public static void main(String[] args) {
            MySegmentMap<String, String> mySegmentMap = new MySegmentMap<String,
            String>();
            new Thread(new MyThread(mySegmentMap,"put","1","2")).start();
            new Thread(new MyThread(mySegmentMap,"get","1","")).start();
            new Thread(new MyThread(mySegmentMap,"get","2","")).start();
    }
}
class MyThread implements Runnable{
    MySegmentMap mySegmentMap = null;
    String method = "";
    String key = "";
    Object value = "";;
     public MyThread(MySegmentMap mySegmentMap, String method, String key, String value){
            this.mySegmentMap = mySegmentMap;
            this.method = method;
            this.key = key;
            this.value = value; /*get 时 value 值可不填*/
    }
    @Override
    public void run() {
            switch (method) {
                    case "put": mySegmentMap.put(key, value); break;
                    case "get": System.out.println("输出: "+mySegmentMap.get(key));
break;
            }
    }}
```

上述代码中的 main 方法同时启动 3 个线程：

（1）将 Map 中 key 值为 1 的 value 设置为 2。

（2）获取 Map 中 key 值为 1 的 value。

（3）获取 Map 中 key 值为 2 的 value。

上面的代码为了方便高并发测试，同时启动多个线程，因此可以直观地看到最终结果，如下所示：

输出：null

即在 put 操作 key 值为 1 的过程中，同时取 key 值为 1 的 value 是无法取到数据的，但是可以对 Map 中 key 值为 2 的 value 进行操作。如果删除 Thread.sleep();，输出结果将如下所示：

输出：2

输出：null

5. 跳表算法

跳表（Skip List）是一个随机化的数据结构，可以被看作二叉树的一个变种。它在性能上和红黑树、AVL 树不相上下，但是原理非常简单，目前在 Redis 和 LevelDB 中都有用到。

即使对于排过序的链表，在查找或插入等操作时还是需要对链表进行遍历，不仅查询时间很长，而且需要查询的内容也很多。跳表算法属于结合二分查找思想与有序链表结构之后衍生出的算法。跳表算法的原理是，对于一个有序链表，选取它中间的节点来构建索引。由于链表经过排序处理，所以如果需要插入的值大于索引，则只需查询索引之前的内容即可完成遍历。假如原始链表长度为 M，可以在链表内增加 N 个索引，跳表通过优先遍历 N 个索引，与所需要插入的元素进行比较，在得到距离最近的 A 号与 A+1 号索引后，遍历 A 号与 A+1 号索引中间的所有数据，即可找到待插入元素的位置。

跳表是一种以空间换时间的算法，虽然存储空间会增大，但是会极大地减少查询所需的时间，提高查询效率。原始链表越长，跳表算法所体现出来的价值越明显。跳表算法的实战代码如下所示：

```
package com.zfx;

import java.util.Random;

public class SkipListTest {
    public static void main(String[] args) {
        MySkipList mySkipList = new MySkipList();
        for (int i=0;i<100;i++){
            mySkipList.insert(i);
        }
        System.out.println(mySkipList.find(0));
        System.out.println(mySkipList.find(1));
        System.out.println(mySkipList.find(2));
        System.out.println(mySkipList.find(3));
```

```java
        System.out.println(mySkipList.find(4));
        mySkipList.delete(0);
        System.out.println("=====================");
        System.out.println(mySkipList.find(0));
        mySkipList.display();
    }
}
class MySkipList{
    private static final int MAX_LEVEL = 16;    // 节点的个数

    private int levelCount = 1;    // 索引的层级数

    private final Node head = new Node();    // 头节点

    private final Random random = new Random();

    // 查找操作
    public Node find(int value){
        Node p = head;
        for(int i = levelCount - 1; i >= 0; --i){
            while(p.next[i] != null && p.next[i].data < value){
                p = p.next[i];
            }
        }

        if(p.next[0] != null && p.next[0].data == value){
            return p.next[0];    // 找到，则返回原始链表中的节点
        }else{
            return null;
        }
    }

    /**
     * 插入操作
     */
    public void insert(int value){
        int level = randomLevel();
        Node newNode = new Node();
        newNode.data = value;
        newNode.maxLevel = level;    // 通过随机函数改变索引层的节点布置
        Node[] update = new Node[level];
        for(int i = 0; i < level; ++i){
            update[i] = head;
        }
```

```java
        Node p = head;
        for(int i = level - 1; i >= 0; --i){
            while(p.next[i] != null && p.next[i].data < value){
                p = p.next[i];
            }
            update[i] = p;
        }

        for(int i = 0; i < level; ++i){
            newNode.next[i] = update[i].next[i];
            update[i].next[i] = newNode;
        }
        if(levelCount < level){
            levelCount = level;
        }
    }

    /**
     * 删除操作
     */
    public void delete(int value){
        Node[] update = new Node[levelCount];
        Node p = head;
        for(int i = levelCount - 1; i >= 0; --i){
            while(p.next[i] != null && p.next[i].data < value){
                p = p.next[i];
            }
            update[i] = p;
        }

        if(p.next[0] != null && p.next[0].data == value){
            for(int i = levelCount - 1; i >= 0; --i){
                if(update[i].next[i] != null && update[i].next[i].data == value){
                    update[i].next[i] = update[i].next[i].next[i];
                }
            }
        }
    }

    /**
     * 随机函数
     */
    private int randomLevel(){
        int level = 1;
        for(int i = 1; i < MAX_LEVEL; ++i){
```

```
                if(random.nextInt() % 2 == 1){
                    level++;
                }
            }
            return level;
        }


        /**
         * Node 内部类
         */
        public static class Node{
            private int data = -1;
            private final Node[] next = new Node[MAX_LEVEL];
            private int maxLevel = 0;

            // 重写 toString 方法
            @Override
            public String toString(){
                return "{data:" + data + "; leves: " + maxLevel + " }";
            }
        }
        /**
         * 显示跳表中的节点
         */
        public void display(){
            Node p = head;
            while(p.next[0] != null){
                System.out.println(p.next[0] + " ");
                p = p.next[0];
            }
            System.out.println();
        }
    }
```

结果如下所示：

```
{data:0; leves: 4 }
{data:1; leves: 3 }
{data:2; leves: 8 }
{data:3; leves: 2 }
{data:4; leves: 4 }
=====================
null
{data:1; leves: 3 }
{data:2; leves: 8 }
```

```
{data:3; leves: 2 }
{data:4; leves: 4 }
//此处日志过多不再截取，data 数值最终到 99.
```

6. 从 0 到 1 编写 ArrayList

下面我们通过快速失败或安全失败的方式构造 ArrayList 容器或 CopyOnWriteArrayList 容器的基础增删改查功能。

在构造基础容器及其增删改查算法之后，可通过无锁算法、分段锁算法、跳表算法优化容器增删改查的执行速度与增删改时的数据一致性强度。

下面从 0 到 1 编写 ArrayList，代码如下所示：

```java
package com.zfx;

import java.util.*;

public class MyList<E> extends AbstractList<E>
        implements List<E>, RandomAccess, Cloneable, java.io.Serializable {

    private static final int DEFAULT_CAPACITY = 10;//默认初始化容量

    private static final Object[] EMPTY_ELEMENTDATA = {};//创建共享的空实例

    private static final Object[] DEFAULTCAPACITY_EMPTY_ELEMENTDATA = {};
//创建默认大小的空实例，区分共享实例

    transient Object[] elementData; //存储数据的缓冲区，当实际添加元素时，扩充为默认容量，
//其为非私有以简化匿名函数的访问

    private int size;//ArrayList 的具体大小

    /**
     * 构造具有指定初始容量的空列表。
     * @param  initialCapacity  列表的初始容量
     * @throws IllegalArgumentException 如果初始容量为负数，则抛出异常
     */
    public MyList(int initialCapacity) {
        if (initialCapacity > 0) {
            this.elementData = new Object[initialCapacity];
        } else if (initialCapacity == 0) {
            this.elementData = EMPTY_ELEMENTDATA;
        } else {
```

```java
                    throw new IllegalArgumentException("Illegal Capacity: "+
initialCapacity);
            }
        }

        /**
         * 构造一个初始容量为 10 的空列表。
         */
        public MyList() {
            this.elementData = DEFAULTCAPACITY_EMPTY_ELEMENTDATA;
        }

        /**
         * 裁剪集合大小，以防止数组中包含没有元素的空位置
         */
        public void trimToSize() {
            modCount++;//此列表在结构上被修改的次数
            if (size < elementData.length) {
                elementData = (size == 0) ? EMPTY_ELEMENTDATA :
Arrays.copyOf(elementData, size);
            }
        }

        /**
         * 要分配的最大数组大小。一些 VM 在数组中保留一些头字。尝试分配较大的数组可能会导致
OutOfMemoryError:请求的数组大小超出 VM 限制
         */
        private static final int MAX_ARRAY_SIZE = Integer.MAX_VALUE - 8;

        /**
         * 增加容量，以确保它至少可以容纳由 minCapacity 参数指定的元素数
         * @param minCapacity 所需的最小容量
         */
        private void grow(int minCapacity) {
            // overflow-conscious code
            int oldCapacity = elementData.length;
            int newCapacity = oldCapacity + (oldCapacity >> 1);
            if (newCapacity - minCapacity < 0){
                newCapacity = minCapacity;
            }
            if (newCapacity - MAX_ARRAY_SIZE > 0){
                if (minCapacity < 0){
                    throw new OutOfMemoryError();
                }
```

```
                newCapacity = (minCapacity > MAX_ARRAY_SIZE) ? Integer.MAX_VALUE :
MAX_ARRAY_SIZE;
        }
            elementData = Arrays.copyOf(elementData, newCapacity);
    }

    /**
     * 获取其中某一个元素
     */
    E elementData(int index) {
        return (E) elementData[index];
    }

    /**
     * 返回此列表中指定位置的元素
     *
     * @param  index 要返回的元素的索引
     * @return 此列表中指定位置的元素
     * @throws IndexOutOfBoundsException 如果越界时报异常
     */
    public E get(int index) {
        rangeCheck(index);
        return elementData(index);
    }

    /**
     * 用指定的元素替换此列表中指定位置的元素。
     *
     * @param index 要替换的元素的索引
     * @param element 要存储在指定位置的元素
     * @return 先前位于指定位置的元素
     * @throws IndexOutOfBoundsException 如果越界时报异常
     */
    public E set(int index, E element) {
        rangeCheck(index);

        E oldValue = elementData(index);
        elementData[index] = element;
        return oldValue;
    }

    /**
     * 将指定的元素追加到此列表的末尾
     *
     * @param e 要附加到此列表的元素
```

```java
 * @return <tt>true</tt>
 */
public boolean add(E e) {
    ensureCapacityInternal(size + 1);  // Increments modCount!!
    elementData[size++] = e;
    return true;
}


/**
 * 在此列表中的指定位置插入指定的元素。将当前位于该位置的元素（如果有）和后续元素向右移动（将
一个元素添加到其索引中）
 *
 * @param index 要插入指定元素的索引
 * @param element 要插入的元素
 * @throws IndexOutOfBoundsException 如果越界时报异常
 */
public void add(int index, E element) {
    rangeCheck(index);

    ensureCapacityInternal(size + 1);  // Increments modCount!!
    System.arraycopy(elementData, index, elementData, index + 1, size - index);
    elementData[index] = element;
    size++;
}


/**
 * 删除此列表中指定位置的元素。将后续元素向左移动（从其索引中减去一个）
 *
 * @param index 要删除的元素的索引
 * @return 从列表中删除的元素
 * @throws IndexOutOfBoundsException 如果越界时报异常
 */
public E remove(int index) {
    rangeCheck(index);

    modCount++;
    E oldValue = elementData(index);

    int numMoved = size - index - 1;
    if (numMoved > 0)
        System.arraycopy(elementData, index+1, elementData, index,numMoved);
    elementData[--size] = null; // 明确让 GC 去删除

    return oldValue;
}
```

```java
/**
 * 从此列表中删除所有元素。此呼叫返回后，列表将为空。
 */
public void clear() {
    modCount++;
    for (int i = 0; i < size; i++){
        elementData[i] = null;// 明确让 GC 去删除
    }
    size = 0;
}

/**
 * 检查给定索引是否在范围内
 * @throws IndexOutOfBoundsException, 如果不在, 则抛出异常
 */
private void rangeCheck(int index) {
    if (index >= size){
        throw new IndexOutOfBoundsException("Index: "+index+", Size: "+size);
    }
}

@Override
public void sort(Comparator<? super E> c) {
    final int expectedModCount = modCount;
    Arrays.sort((E[]) elementData, 0, size, c);
    if (modCount != expectedModCount) {
        throw new ConcurrentModificationException();
    }
    modCount++;
}

private static int calculateCapacity(Object[] elementData, int minCapacity) {
    if (elementData == DEFAULTCAPACITY_EMPTY_ELEMENTDATA) {
        return Math.max(DEFAULT_CAPACITY, minCapacity);
    }
    return minCapacity;
}

private void ensureCapacityInternal(int minCapacity) {
    ensureExplicitCapacity(calculateCapacity(elementData, minCapacity));
}

private void ensureExplicitCapacity(int minCapacity) {
    modCount++;
```

```java
    if (minCapacity - elementData.length > 0)
        grow(minCapacity);
}

public int size() { return size; }

public boolean isEmpty() { return size == 0; }

public Object[] toArray() { return Arrays.copyOf(elementData, size); }

/**
 * 按正确的顺序返回此列表中元素的迭代器
 * @return 返回的是快速失败的迭代器
 */
public Iterator<E> iterator() {
    return new MyList.Itr();
}

/**
 * 自定义迭代器
 */
private class Itr implements Iterator<E> {
    int cursor;         // 要返回的下一个元素的索引
    int lastRet = -1; // 返回的最后一个元素的索引-1, 如果没有, 则应报 no such 错误
    int expectedModCount = modCount;

    Itr() {}//初始化

    public boolean hasNext() {
        return cursor != size;
    }

    public E next() {
        checkForComodification();
        int i = cursor;
        if (i >= size)
            throw new NoSuchElementException();
        Object[] elementData = MyList.this.elementData;
        if (i >= elementData.length)
            throw new ConcurrentModificationException();
        cursor = i + 1;
        return (E) elementData[lastRet = i];
    }

    public void remove() {
```

```
    if (lastRet < 0){
        throw new IllegalStateException();
    }
    checkForComodification();

    try {
        MyList.this.remove(lastRet);
        cursor = lastRet;
        lastRet = -1;
        expectedModCount = modCount;
    } catch (IndexOutOfBoundsException ex) {
        throw new ConcurrentModificationException();
    }
}

final void checkForComodification() {
    if (modCount != expectedModCount)
        throw new ConcurrentModificationException();
}
    }
}
```

自定义的容器为快速失败类型的容器。快速失败的测试代码与展示结果皆与前文相同，代码如
下所示：

```
List<String> list = new MyList<>();
list.add("1");
list.add("2");
list.add("3");
list.add("4");
list.add("5");

Iterator<String> iterators = list.iterator();
while(iterators.hasNext()){
    System.out.println(iterators.next());
}
```

结果如下所示。

```
1
2
3
4
5
```

10.4　Guava Cache 实战

Guava Cache 的主要功能有避免 NULL、堆内缓存条件性查询、区间查询、优化 Object 类的函数、排序、简化异常、自定义创建集合等。

由于 Guava Cache 包含了 Google 中的集合、缓存和并发库等内容，所以在项目中只需引入 Guava Cache 即可，其 Maven 坐标如下所示：

```
<dependency>
    <groupId>com.google.guava</groupId>
    <artifactId>guava</artifactId>
    <version>23.0</version>
</dependency>
```

在 Google 容器（com.google.common.collect 包）中实现了部分 JDK 容器，并且 Google 中的容器可以与 JDK 中的容器一一对应，例如：

- Google 中的 Collections2 容器对应 JDK 中的 Collection 容器。
- Google 中的 Lists 容器对应 JDK 中的 List 容器。
- Google 中的 Sets 容器对应 JDK 中的 Set 容器和 SortedSet 容器。
- Google 中的 Maps 容器对应 JDK 中的 Map 容器和 SortedMap 容器。
- Google 中的 Queues 容器对应 JDK 中的 Queue 容器。

10.4.1　创建 Google 的容器工厂

Google 容器的设计模式是以静态工厂的模式进行构造的，其初始构造代码如下所示：

```
List<String> list = Lists.newArrayList();
Map< String, String > map = Maps.newLinkedHashMap();
```

Google 容器可以初始化存入一些元素，其初始化构造代码如下所示：

```
List<String> list= Lists.newArrayList("z", "f", "x");
```

newArrayList 函数的本质是创建一个 ArrayList 函数，并向其中赋值，其底层关键性代码如下所示：

```
@SafeVarargs
@CanIgnoreReturnValue // TODO(kak): Remove this
@GwtCompatible(serializable = true)
public static <E> ArrayList<E> newArrayList(E... elements) {
```

```
checkNotNull(elements); // for GWT
// Avoid integer overflow when a large array is passed in
int capacity = computeArrayListCapacity(elements.length);
ArrayList<E> list = new ArrayList<>(capacity);
Collections.addAll(list, elements);
return list;
}
```

10.4.2 屏蔽 NULL 值

如果 Java 语法中的 Map、Set 容器的 key 值为 NULL，则有可能出现空指针异常现象。许多缓存工具包（框架）对 NULL 值都采用快速失败的方式进行处理，另外，部分缓存工具本身也提供了对 NULL 值的特殊处理方式，例如，赋予一个默认值。

Guava Cache 包含以上两种处理方式，它提供了许多工具类，方便用户将特定值替换成 NULL 值，避免空指针异常现象的发生。

使用 Guava Cache 的核心代码如下所示：

```
import com.google.common.base.Optional;
public class Guava_TEST {
    public static void main(String[] args) {
            Optional<Integer> possible = Optional.of(5);
            System.out.println(possible.isPresent());// returns true
            System.out.println(possible.get());// returns 5
    }
}
```

除屏蔽 NULL 值外，Guava Cache 还可以判断许多检查条件函数，部分函数如下所示：

• checkArgument(boolean)：检查 boolean 是否为 true，用来检查传递给方法的参数。当检查失败时会抛出 IllegalArgumentException 异常。

• checkNotNull(T)：检查 value 是否为 null。因为该方法直接返回 value，所以可以内嵌 checkNotNull。当检查失败时会抛出 NullPointerException 异常。

• checkState(boolean)：用来检查对象的某些状态。当检查失败时会抛出 IllegalStateException 异常。

• checkElementIndex(int index, int size)：检查当 index 作为索引值时对某个列表、字符串或数组是否有效。例如，index>=0 && index<size *。当检查失败时会抛出 IndexOutOfBoundsException 异常。

- checkPositionIndex(int index, int size)：检查当 index 作为位置值时对某个列表、字符串或数组是否有效。例如，index>=0 && index<=size *。当检查失败时会抛出 IndexOutOfBoundsException 异常。
- checkPositionIndexes(int start, int end, int size)：检查[start, end]表示的位置范围对某个列表、字符串或数组是否有效。当检查失败时会抛出 IndexOutOfBoundsException 异常。

10.4.3　管理字符串

Google 容器的 Joiner 字符串连接器是由 Fluent 风格代码编写的，可以方便地用分隔符把字符串序列连接起来，并且自动删除空值等，其部分代码如下所示：

```
Joiner joiner = Joiner.on("; ").skipNulls();
return joiner.join("Harry", null, "Ron", "Hermione");
```

上面的代码将返回 "Harry; Ron; Hermione"。另外，useForNull(String)方法可以给定某个字符串来替换 NULL，而不像 skipNulls()方法那样直接忽略 NULL。

除 Google 容器的 Joiner 字符串连接器外，Google 还包含拆分器、字符匹配器、字符集管理器和大小格式管理器等，方便对字符串进行各种处理，如分割、连接或填充等，其详细内容可查询 Google 的 GitHub 用户指南。

10.4.4　操作 Google 的 Multiset 容器

Multiset 容器定义了如何多次添加相等的元素，并且可以记录多次添加相等元素的次数，其包含 HashMultiset、TreeMultiset、LinkedHashMultiset、ConcurrentHashMultiset 和 ImmutableMultiset 等多种实现方式。部分 API 如下所示：

- add(E element)：向其中添加单个元素。
- add(E element,int occurrences)：向其中添加指定个数的元素。
- count(Object element)：返回给定参数元素的个数。
- remove(E element)：移除一个元素，其 count 值会相应减少。
- remove(E element,int occurrences)：移除相应个数的元素。
- elementSet()：将不同的元素放入一个 Set 中。
- entrySet()：类似于 Map.entrySet 返回 Set<Multiset.Entry>。包含的 Entry 支持使用 getElement() 和 getCount()。
- setCount(E element ,int count)：设定某个元素的重复次数。

- setCount(E element,int oldCount,int newCount)：将符合原有重复次数的元素修改为新的重复次数
- retainAll(Collection c)：保留出现在给定集合参数中的所有元素。
- removeAll(Collectionc)：去除出现在给定集合参数中的所有元素。

Multiset 容器的示例代码如下所示：

```
Multiset<String> wordMultiset = HashMultiset.create();//构造 Multiset
wordMultiset.add("zfx");//添加元素 zfx
wordMultiset.count("zfx");//统计 zfx 元素的出现次数
```

10.4.5　操作 Google 的 Multimap 容器

Multimap 容器定义了如何把键映射到多个元素上，其包含 ArrayListMultimap、HashMultimap、LinkedListMultimap 、 LinkedHashMultimap 、 TreeMultimap 、 ImmutableListMultimap 、ImmutableSetMultimap 和 Multimap 等多种实现方式，部分 API 如下所示：

- put(K, V)：添加键到单个值的映射。
- putAll(K, Iterable<V>)：依次添加键到多个值的映射。
- remove(K, V)：移除键到值的映射。如果有这样的键值并成功移除，则返回 true。
- removeAll(K)：删除键对应的所有值，返回的集合包含所有之前映射到 K 的值。注意，修改这个集合不会影响 Multimap。
- replaceValues(K, Iterable<V>)：删除键对应的所有值，并重新把 Key 关联到 Iterable 中的每个元素。返回的集合包含所有之前映射到 K 的值。
- asMap()：Multimap<K, V>提供 Map<K,Collection<V>>形式的视图。返回的 Map 支持 remove 操作，并且会反映底层的 Multimap 容器，但它不支持 put 或 putAll 操作。更重要的是，如果想为 Multimap 容器中没有的键返回 NULL，而不是一个新的、可写的空集合，则可以使用 asMap().get(key)。我们应当把 asMap.get(key)返回的结果转化为适当的集合类型，例如，把 SetMultimap.asMap.get(key)的结果转换为 Set，把 ListMultimap.asMap.get(key)的结果转换为 List。在 Java 中，不允许 ListMultimap 直接为 asMap.get(key)返回 List，当然，可以用 Multimap 容器中的 asMap 静态方法完成类型转换。

Multimap 容器的示例代码如下所示：

```
Multimap<String,Object> myMultimap = ArrayListMultimap.create();//构造
myMultimap.put("name", "zfx1");//添加元素
myMultimap.put("name", "zfx2");//添加元素
myMultimap.put("name", "zfx3");//添加元素
myMultimap.put("name", "zfx4");//添加元素
```

```
Collection<Object> zfx = myMultimap.get("name");//查询 key 值为 name 的元素
//返回 Collenction 集合，输入为[zfx1, zfx2, zfx3, zfx4, zfx5]
```

10.4.6 操作 Google 的 BiMap 容器

BiMap 容器定义了如何同时维护并同步两个单独的 map，即通过 value 值可以寻找到其 key 值。BiMap 包含 HashBiMap、EnumBiMap 和 ImmutableBiMap 等多种实现方式，部分 API 如下所示：

- put(K key, V value)：关联指定值与此映射中（可选操作）指定的键。
- forcePut(K key, V value)：默默删除在 put(K, V)运行前的所有条目值。
- inverse()：返回此 BiMap 容器，把每一个 BiMap 容器的值都映射到其相关联的键的逆视图中。
- putAll(Map<? extends K,? extends V> map)：指一次性向一个哈希键添加多个 Key 映射。
- Set<V> values()：返回此映射中包含 Collection 的值视图。

BiMap 容器的示例代码如下所示：

```
BiMap<Integer,String> biMap=HashBiMap.create();
biMap.put(1,"张三");
biMap.put(2,"李四");
biMap.put(3,"王五");
biMap.put(4,"赵六");
biMap.put(5,"李七");
biMap.put(4,"小小");

//通过 key 值得到 value 值 String value= biMap.get(1);
System.out.println("id 为 1 的 value 值 --"+value);//返回 id 为 1 的 value 值 --张三

//通过 value 值得到 key 值
int key= biMap.inverse().get("张三");
System.out.println("张三 key 值 --"+key);//返回：张三 key 值 --1

//如果 key 值重复，那么 value 值会被覆盖
String valuename= biMap.get(4);
System.out.println("id 为 4 的 value 值 --"+valuename);//返回：id 为 4 的 value 值--小小
```

10.4.7 操作 Google 的 Table 容器

Table 容器定义了以两个 key 值，它们以坐标系的形式指向一个元素。Table 容器包含 HashBasedTable、TreeBasedTable、ImmutableTable 和 ArrayTable 等多种实现方式，部分 API 如下所示：

- cellSet()：返回集合中的所有行键/列键/值三元组。
- column(C columnKey)：返回给定列键的所有映射的视图。
- columnKeySet()：返回一组具有表中一个或多个值的列键。
- columnMap()：返回关联的每一个列键与行键对应的映射值的视图。
- contains(Object rowKey, Object columnKey)：返回表中是否包含指定的行键和列键的映射。
- containsColumn(Object columnKey)：返回表中是否包含指定列键的映射。
- containsRow(Object rowKey)：返回表中是否包含指定行键的映射。
- containsValue(Object value)：返回表中是否包含指定列值的映射。
- get(Object rowKey, Object columnKey)：对于给定的行键和列键，返回表中是否存在相应的映射。如果不存在，则返回 NULL。
- put(R rowKey, C columnKey, V value)：放置值。
- move(Object rowKey, Object columnKey)：删除值。

Table 容器的示例代码如下所示：

```
Table<String, String, String> table = HashBasedTable.create();
table.put("103.555", "99.9", "我家");
table.put("103.555", "99.8", "狗狗宿舍");
table.put("103.555", "99.7", "我公司");
table.put("103.554", "99.6", "她公司");
table.put("103.554", "99.5", "猫猫宿舍");
table.put("103.554", "99.4", "海豚宿舍");
table.put("103.553", "99.3", "松鼠宿舍");
table.put("103.553", "99.2", "猪猪宿舍");

Map<String,String> tableMap1 =  table.row("103.555");
for(Map.Entry<String, String> entry : tableMap1.entrySet()){
    System.out.println("tableMap11: " + entry.getKey() + ", tableMap12: " +
entry.getValue());
    }
Set<String> tableMap2 = table.rowKeySet();
for(String employer: tableMap2){
    System.out.println("tableMap22: " + employer + " ");
    }
Map<String,String> tableMap3 =  table.column("99.2");
for(Map.Entry<String, String> entry : tableMap3.entrySet()){
    System.out.println("tableMap31: " + entry.getKey() + ", tableMap32: " +
entry.getValue());
    }
```

结果如下所示：

```
tableMap11: 99.9, tableMap12: 我家
tableMap11: 99.8, tableMap12: 狗狗宿舍
tableMap11: 99.7, tableMap12: 我公司
tableMap22: 103.555
tableMap22: 103.554
tableMap22. 103.553
tableMap31: 103.553, tableMap32: 猪猪宿舍
```

10.4.8 操作 Google 的 classToInstanceMap 容器

classToInstanceMap 容器定义了键为类型而值符合键所指类型的对象。classToInstanceMap 容器包含 MutableClassToInstanceMap 和 ImmutableClassToInstanceMap 等多种实现方式，部分 API 如下所示：

- getInstance(Class<T> type)：返回指定类映射到的值。如果不存在该类的条目，则返回 NULL。
- putInstance(Class<T> type, T value)：将指定的类映射到指定的值。

classToInstanceMap 容器的示例代码如下所示：

```
ClassToInstanceMap<Number> numberDefaults=MutableClassToInstanceMap.create();
numberDefaults.putInstance(Integer.class, Integer.valueOf(222));
System.out.println(numberDefaults.get(Integer.class));//返回 222
```

10.4.9 操作 Google 的 RangeSet 容器

RangeSet 容器定义了一组不相连的、非空区间。当把一个区间添加到可变的 RangeSet 容器时，所有相连的区间会被合并，空区间会被忽略。RangeSet 容器包含 ImmutableRangeSet 和 TreeRangeSet 等多种实现方式，部分 API 如下所示：

- complement()：返回 RangeSet 容器的补集视图。complement 是 RangeSet 容器中的类型，它包含了不相连的、非空区间。
- subRangeSet(Range<C>)：返回 RangeSet 容器与给定 Range 对象的交集视图。这扩展了传统排序集合中的 headSet、subSet 和 tailSet 操作。
- asRanges()：用 Set<Range<C>>表现 RangeSet 容器，这样可以遍历其中的 Range 对象。
- asSet(DiscreteDomain<C>)（仅 ImmutableRangeSet 支持）：用 ImmutableSortedSet<C>表现 RangeSet 容器，以区间中所有元素的形式而不是区间本身的形式查看。该操作不支持 DiscreteDomain 和 RangeSet 容器都没有上边界，或者都没有下边界的情况。
- contains(C)：RangeSet 容器中最基本的操作，判断在 RangeSet 容器中是否有任何区间包含给定元素。
- rangeContaining(C)：返回包含给定元素的区间。若没有这样的区间，则返回 NULL。

- encloses(Range<C>)：判断 RangeSet 容器中是否有区间，包括给定区间。
- span()：返回 RangeSet 容器中所有区间的最小区间。

在 RangeSet 容器链表区间内包含 Range 对象，即范围对象，在对象内部可以存储范围值。对象之间可以进行交集、并集或跨区间等相关运算。Range 对象的部分 API 如下所示：

- Range.open(C lower, C upper)：存储为 $a < x < b$。
- Range.closed(C lower, C upper)：存储为 $a \leqslant = x \leqslant b$。
- Range.openClosed(C lower, C upper)：存储为 $a < x \leqslant b$。
- Range.closedOpen(C lower, C upper)：存储为 $a \leqslant x < b$。
- Range.greaterThan(C endpoint)：存储为 $x > a$。
- Range.atLeast(C endpoint)：存储为 $x \leqslant a$。
- Range.lessThan(C endpoint)：存储为 $x < b$。
- Range.atMost(C endpoint)：存储为 $x \leqslant b$。
- Range.all(C endpoint)：存储为 x。

其中 x 为存储之后的范围，a 为输入的第一个值，b 为输入的第二个值。

Range 对象的示例代码如下所示：

```
Range<Integer> closed = Range.closed(1, 10);
System.out.println(closed);
//[1..10]
```

RangeSet 容器的示例代码如下所示：

```
//案例 1
RangeSet<Integer> rangeSet = TreeRangeSet.create();
rangeSet.add(Range.closed(1, 10)); // {[1,10]}
rangeSet.add(Range.closedOpen(11, 15));//不相连区间{[1,10], [11,15)}
rangeSet.add(Range.closedOpen(15, 20)); //相连区间 {[1,10], [11,20)}
rangeSet.add(Range.openClosed(0, 0)); //空区间{[1,10], [11,20)}
rangeSet.remove(Range.open(5, 10)); //分割[1, 10]; {[1,5], [10,10], [11,20)}
System.out.println(rangeSet);//[[1..5], [10..10], [11..20)]
//案例 2
RangeSet<Integer> rangeSet = TreeRangeSet.create();
rangeSet.add(Range.closed(1, 10)); // {[1,10]}
rangeSet.add(Range.closed(1, 10)); // {[1,10]}
System.out.println(rangeSet);//[[1..10]]
//案例 3
RangeSet<Integer> rangeSet = TreeRangeSet.create();
rangeSet.add(Range.closed(1, 10)); // {[1,10]}
```

```
rangeSet.add(Range.closed(2, 10)); // {[2,10]}
System.out.println(rangeSet);//[[1..10]]
//案例4
Range.closed(3, 5).intersection(Range.open(5, 10)); //返回(5, 5]
Range.closed(0, 9).intersection(Range.closed(3, 4)); //返回[3, 4]
Range.closed(0, 5).intersection(Range.closed(3, 9)); //返回[3, 5]
Range.open(3, 5).intersection(Range.open(5, 10)); // throws IllegalArgumentException
Range.closed(1, 5).intersection(Range.closed(6, 10)); // throws
IllegalArgumentException
```

10.4.10　操作 Google 的 RangeMap 容器

RangeMap 容器类似于 RangeSet 容器，只是存储的范围值为 Map，示例代码如下所示：

```
RangeMap<Integer, String> rangeMap = TreeRangeMap.create();
rangeMap.put(Range.closed(1, 10), "foo");
//{[1,10] => "foo"}

rangeMap.put(Range.open(3, 6), "bar");
 //{[1,3] => "foo", (3,6) => "bar", [6,10] => "foo"}

rangeMap.put(Range.open(10, 20), "foo");
 //{[1,3] => "foo", (3,6) => "bar", [6,10] => "foo", (10,20) => "foo"}

rangeMap.remove(Range.closed(5, 11));
//{[1,3] => "foo", (3,5) => "bar", (11,20) => "foo"}

System.out.println(rangeMap);
// [[1..3]=foo, (3..5)=bar, (11..20)=foo]
```

10.4.11　操作 Google 的 Guava Cache

Guava Cache 与 ConcurrentMap 容器十分相似，它们之间最根本的区别是 ConcurrentMap 容器会一直保存所有添加的元素，直到显式地移除。相对地，Guava Cache 为了限制内存占用，通常设定为自动回收元素。在某些场景下，尽管 LoadingCache 不回收元素，但是它会自动加载缓存。

（1）Guava Cache 的适用场景如下：

- 愿意消耗一些内存空间来提升速度。
- 预料到某些键会被查询一次以上。
- 缓存中存放的数据总量不超出内存容量，即不会超出 JVM 的总内存。

（2）构建 Guava Cache。构建 Guava Cache 的代码十分简单，基础构建代码如下所示：

```
Cache<String,String> cache = CacheBuilder.newBuilder().build();
```

此时既可以使用.asMap()函数把 Cache 对象转换成类似于 Map 的对象，对其进行增删改查，也可以使用各种 Guava Cache 构建参数进行构建。参数化构建 Guava Cache 的代码如下所示：

```
Cache<Object,Object> cache = CacheBuilder.newBuilder()
            .expireAfterWrite(3, TimeUnit.SECONDS)
            .expireAfterAccess(3, TimeUnit.SECONDS)
            .weakValues()
            .weakKeys()
            //.softValues()
            .concurrencyLevel(8)
            .initialCapacity(10)
            .maximumSize(2000)
            .recordStats()
            .removalListener(new RemovalListener<Object, Object>() {
                    @Override
                    public void onRemoval(RemovalNotification<Object, Object>
notification) {
                            System.out.println(notification.getKey() + " was removed,
cause is " + notification.getCause());
                    }
            })
            .build(new CacheLoader<Object, Object>() {
                    @Override
                    public Object load(Object object) throws Exception {
                            return object;
                    }
            });
```

上面代码的释义如下所示：

- expireAfterWrite(3, TimeUnit.SECONDS)：若缓存项在给定时间内没有被写访问（创建或覆盖），则回收。
- expireAfterAccess(3, TimeUnit.SECONDS)：若缓存项在给定时间内没有被读/写访问，则回收。
- weakValues()：使用弱引用存储值。当值没有其他（强或软）引用时，缓存项可以被垃圾回收。默认为强引用。
- weakKeys()：使用弱引用存储键。当键没有其他（强或软）引用时，缓存项可以被垃圾回收。默认为强引用。

- softValues()：使用软引用存储值。只有在响应内存需要时，软引用才按照全局最近最少使用的顺序进行回收。另外，soft Values()与 weak Values()只能使用其中一个。
- concurrencyLevel(8)：设置并发级别为 8。并发级别指可以同时写缓存的线程数。
- initialCapacity(10)：设置缓存容器的初始容量为 10。
- maximumSize(2000)：在最大存储上限超过 2000 之后，按照 LRU 算法移除缓存项。
- recordStats()：设置要统计缓存的命中率。
- removalListener(new RemovalListener())：设置缓存的移除监听（通知）。
- build：构建 Guava 缓存，其内部的 new CacheLoader()可不填。new CacheLoader()的含义为当缓存不存在时，可以通过 CacheLoader 的实现自动加载缓存。

（3）Guava Cache 的视图。为了方便操作，Guava Cache 提供了 Map 视图的方式进行操作，代码如下所示：

```
//省略 Guava Cache 构建代码
ConcurrentMap<Object, Object> asMap = cache.asMap();
asMap.put(1, 2);
System.out.println(asMap.get(1));
asMap.remove(1);
System.out.println(asMap.get(1));
System.out.println(cache.asMap().get(1));
```

输出如下所示：

```
2
1 was removed, cause is EXPLICIT
null
null
```

值得注意的是，虽然生成了 asMap 视图，并且只在视图内进行增删改查，但是实际上同样会影响 Guava Cache 内的数据。

- cache.asMap()包含当前所有加载到缓存的项。相应地，cache.asMap().keySet()包含当前所有已加载键。
- asMap().get(key)实际上等同于 cache.getIfPresent(key)，而且不会引起缓存项的加载。

所有读和写操作都会重置相关缓存项的访问时间，包括 cache.asMap().get(Object)方法和 Cache.asMap().put(K, V)方法，但不包括 Cache.asMap().containsKey(Object)方法，以及在 Cache.asMap() 的集合视图上的操作。例如，遍历 Cache.asMap().entrySet()不会重置缓存项的读取时间。

（4）Guava Cache 的垃圾回收。可以对写入时间、读写访问时间、存储上线大小等进行垃圾回收，除此之外，还可以通过手动的方式进行垃圾回收，如下所示：

- 从视图中删除：Cache.asMap.remove(key)。
- 个别删除：Cache.invalidate(key)。
- 批量删除：Cache.invalidateAll(keys)。
- 删除所有缓存项：Cache.invalidateAll()。

（5）Guava Cache 的 Callable 回调。如果 Guava Cache 在读取时无法读取到其 key 值的相应缓存，可以使用其他函数，代码如下所示：

```
//省略 Guava Cache 构建代码
try {
    cache.get(1, new Callable<Object>() {
            @Override
            public Object call() throws Exception {
                    return null;
            }
    });
} catch (ExecutionException e) {
    e.printStackTrace();
}
```

用 Lambda 表达式书写，代码如下所示：

```
try {
  cache.get(1,()->{
    return null;
  });
} catch (ExecutionException e) {
  e.printStackTrace();
}
```

（6）Guava Cache 的监听。Guava Cache 在移除数据时，有时需要一个回调，即通知程序做一些额外的操作。Guava Cache 的监听代码如下所示：

```
package guava;
import com.google.common.cache.Cache;
import com.google.common.cache.CacheBuilder;
import com.google.common.cache.RemovalListener;
import com.google.common.cache.RemovalNotification;
public class GuavaTest {

    public static void main(String[] args) {
    // 创建一个带有 RemovalListener 监听的缓存
    Cache<String, String> cache = CacheBuilder.newBuilder().removalListener(new
        MyRemovalListener()).build();
```

```
        cache.put("myKey", "myValue");
        // 手动删除数据
        cache.invalidate("myKey");
        System.out.println("获取我的 Key"+cache.getIfPresent("myKey")); // null
    }
}
// 创建一个监听器
class MyRemovalListener implements RemovalListener<String, String> {
    @Override
    public void onRemoval(RemovalNotification<String, String> notification) {
        String message = String.format("修改的 key=%s,修改的 value=%s,修改的原因=%s",
notification.getKey(), notification.getValue(), notification.getCause());
        System.out.println("已被删除的数据"+message);
    }
}
```

监听代码需要实现 RemovalListener 接口。RemovalListener 接口是接收通知的对象。

getCause()函数是获得触发条件的原因，其包含内容如下：

- EXPLICIT：用户已手动删除该数据，这可能是由于用户调用所导致的。
- REPLACED：该数据实际上没有被删除，但其值已被用户替换，这可能是由于用户调用所导致的。
- COLLECTED：该数据已自动删除，因为其键或值已被垃圾回收，在使用时可能会发生这种情况。
- EXPIRED：该数据的时间戳已过期，在使用时可能发生这种情况。
- SIZE：由于大小限制，该数据被逐出，在使用时可能发生这种情况。

在创建 cache 时，只能添加 1 个监听器，该监听器对象会被多个线程共享。如果监听器需要操作共享资源，那么一定要做好同步控制。如果强行添加了两个监听器，则两个监听器会交替执行任务。

（7）Guava Cache 的统计。CacheBuilder.recordStats()可用来开启 Guava Cache 的统计功能。在统计功能打开后，Cache.stats()方法会返回 CacheStats 对象，并提供如下统计信息：

- stats.hitRate()：缓存命中率。
- stats.averageLoadPenalty()：加载新值的平均时间，单位为纳秒。
- stats.evictionCount()：缓存项被回收的总数，不包括显式删除。

## 第 11 章

堆外缓存与磁盘缓存解决

方案：MapDB

11.1 问题描述

在互联网项目中，一般以堆内缓存的使用居多，无论 Guava Cache 还是 JDK 自带的 HashMap、ConcurrentHashMap 等，都是在堆内缓存中做数据计算操作。这是因为堆内缓存的响应速度最快，但是堆内缓存的价格也最高。有没有既能节约成本，又能提供较好的性能的工具呢？

JVM 一旦出现 GC 或者 FULL GC 的情况，就然删掉堆内存，此时应如何快速读取缓存数据？

11.2 问题分析与解决方案

实际上，堆内缓存、堆外缓存、磁盘缓存的响应速度是依次递减的。堆外缓存同样不需要考虑 I/O、网卡、网络流量、连接数等一系列问题，数据并不存放在 JVM 内存上，而是直接存放在 Linux 系统内存上。因此针对在 11.1 节中提出的问题，均可使用堆外缓存处理。

11.2.1 堆外缓存

因为堆内缓存在 JVM 的管理之内，所以堆内缓存的速度是无可挑剔的。但是由于堆内缓存占用了大量的 JVM 内存，所以在 JVM GC 的过程中可能会出现各种停顿和延时。并且随着堆内缓存内容的不断增多，JVM 为了扩大当前堆内缓存的空间，会频繁进行垃圾回收。

由于 JVM GC 的存在，堆内缓存操作会受到不小的影响，尤其是在插入过程中，当涉及锁等操作时，各种堆内缓存容器很可能会引起性能的过度损耗。为了缓解堆内缓存的压力，衍生出了堆外缓存。堆外缓存的本质是通过 Java 代码直接操作计算机内存，将数据放置在计算机内存中，而非 JVM 内存中。堆外缓存又名堆外内存、本地内存。

堆外缓存由于不受 JVM 管控，不触及 JVM GC 的条件，所以不用担心堆外缓存出现频繁垃圾回收等相关问题。

不过堆外缓存也并非全都是优点，操作系统对每一个进程的内存管理都有相应的限制，所以在管控堆外缓存不佳的情况下，Java 代码同样会爆出 OOM（Out Of Memory Error，内存溢出错误）。而堆外缓存溢出并不体现在 Java 的 GC 日志中，所以在生产环境中如果出现堆外缓存溢出，将很难查找到问题根源。

基于历史因素，大部分堆外缓存都直接使用成熟的框架进行管理，以免编程时发生未知泄漏与异常。市场上常见的堆外缓存解决方案有 EhCache、MapDB 等。

11.2.2 MapDB

MapDB 是一套简单易用的可插拔程序，其调用方式十分简单。本文着重对各种返回值及使用方式进行讲解，以代码方式帮助读者理解 MapDB 的使用。

注意：在学习堆外缓存时不建议刻意背诵各种 MapDB 之类的 API，只需知道如何使用及熟悉各种数据结构即可。另外，本章后面简易阐释了多级缓存的概念和使用方式，这种代码设计方式或者说架构方式十分常见，在 HTTP 缓存、堆内缓存、堆外缓存、磁盘缓存和 Redis 缓存等不同的层级都可以用多级缓存的架构方式进行设计。

MapDB 的特性如下所示：

- 可替换 Map、List、Queues 等相关集合。
- 使用堆外缓存，不受垃圾回收器的影响。
- 具有过期和磁盘溢出等多级缓存。
- 可用事务、MVCC、增量备份等方式替换关系数据库。
- 当对本地数据处理和过滤时，MapDB 可以在合理的时间内处理大量的数据。

MapDB 的 Maven 地址如下所示：

```
<dependency>
    <groupId>org.mapdb</groupId>
    <artifactId>mapdb</artifactId>
    <version>VERSION</version><!-- 3.0.7 -->
</dependency>
```

11.2.3　实战：初次使用 MapDB

当通过代码在内存中打开 HashMap 时，可以使用堆外缓存并且不受垃圾回收的限制。MapDB
使用堆内缓存的代码如下所示：

```
import java.util.concurrent.ConcurrentMap;
import org.mapdb.DB;
import org.mapdb.DBMaker;
public class ApplicationMain {
    public static void main(String[] args) {
            DB db = DBMaker.memoryDB().make();
            ConcurrentMap map = db.hashMap("map").create();
            map.put("something", "here");
            System.out.println(map.get("something"));//输出 here
    }
}
```

HashMap（和其他集合）也可以存储在文件中，它可以在 JVM 重新启动期间保留内容。不过必
须关闭数据库，以防止数据损坏。MapDB 使用磁盘缓存的代码如下所示：

```
package mapdb;
import java.util.concurrent.ConcurrentMap;
import org.mapdb.DB;
import org.mapdb.DBMaker;
import org.mapdb.Serializer;
public class ApplicationMain {
    public static void main(String[] args) {
            DB db = DBMaker.fileDB("file.db").make();
            ConcurrentMap<String,Long> map = db.hashMap("map", Serializer.STRING,
Serializer.LONG).create();
            map.put("something", 123456L);
            db.close();//如果不关闭数据库，则可以正常获取数据
            System.out.println(db.get("something"));
//异常：Exception in thread "main" java.lang.IllegalAccessError: DB was closed
    }
}
```

fileDB().make()生成的实体文件如图 11-1 所示。

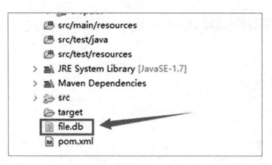

图 11-1

DBMaker 类可以创建和配置 MapDB 数据库，一个数据库实例代表一个打开的数据库。DBMaker 类可以创建和打开集合存储，并且可以使用 commit、rollback 和 close 等方法处理数据库的生命周期。

想要打开（或创建）一个存储，可以使用许多*DB 静态方法，如 DBMaker.fileDB。MapDB 有很多格式和模式，每个 xxxDB 使用不同的模式。例如，memoryDB 可以打开一个由 byte 数组支持的内存数据库，appendFileDB 可以打开一个追加的日志文件。

一个 xxxDB 方法后面通常可以跟一个或多个配置项，最后用 make 方法打开选定的存储并返回一个 DB 对象。下面打开启用加密的文件存储，并以此构造 DB 对象：

```
DB db = DBMaker.fileDB("file2").make();
```

在构造 DB 对象之后便可以通过该 DB 对象创建集合并使用空间了。可以选择如 HashMap、TreeSet 等不同的数据结构进行配置，最终直接进行操作。下面的代码创建了 TreeSet 并将其命名为 TreeSet1：

```
NavigableSet treeSet = db.treeSet("TreeSet1").createOrOpen();
```

11.3　MapDB 的构造原理

MapDB 可以通过 fileDB、memoryDB 等实例化出磁盘缓存与堆缓存的 DB 存储空间，然后通过不同的存储空间 API 存储数据。例如，MapDB 可以通过下面的代码实例化出两个不同的存储空间：

```
DB db1 = DBMaker.fileDB(file)
    .fileMmapEnable()
    .allocateStartSize(10*1024*1024*1024) // 分配起始大小 10GB
    .allocateIncrement(512*1024*1024)      // 分配增量大小 512MB
    .make();
```

（1）构造磁盘缓存。HashMap（和其他集合）也可以存储在文件中。此模式可以在 JVM 中保留内容。为防止数据损坏，需要先启动事务再更改文件，并且在修改文件之后尽可能用 DB.close 命令关闭文件。另外，也可以通过内置的 allocateStartSize 参数和 allocateIncrement 参数设置文件大小。

fileMmapEnable 函数的功能是启用内存映射文件，更快地存储选项。但由于寻址问题，如果启用此模式，则在 32 位 JVM 上可能出现映射失败的异常，也可能损坏 DB 实体文件。

```
DB db2 = DBMaker.heapDB().make();
```

（2）构建 Java heap 堆缓存。Java heap 是 JVM 虚拟机中管理的最大一块内存。此模式构建的数据存储空间不会进行序列化，因此生成的数据集很小，但仍受垃圾回收影响，所以此模式在数据达到几 GB 之后性能会急剧下降。

```
HashMapMaker<?,?> heapShardedHashMap = DBMaker.heapShardedHashMap(5);
```

（3）构建 Java heap 独立碎片性缓存。带有 Sharded 的函数皆为此种缓存方式，为了获得更好的并发性，Sharded 会把缓存的数据分割成不同的段，即把 HTreeMap 分为不同的段。每个段是独立的，不与其他段共享任何状态，但是它们仍然共享底层存储。

使用 Sharded 存储时没有与 HashMapMaker 相关联的 DB 实例化对象，因此为了关闭 Hash 分片，在使用结束后必须调用 heapShardedHashMap.close 函数。

```
HashSetMaker<?> heapShardedHashSet = DBMaker.heapShardedHashSet(5);
```

（4）构建 Java heap 独立碎片性缓存。与 heapShardedHashMap 类似，只是存储为 Set 链表结构。

```
DB db5 = DBMaker.memoryDB().transactionEnable().make();
```

（5）构建 Java heap 堆缓存，创建新的内存数据库。在 JVM 退出后，更改将丢失。此选项会将数据序列化为 byte[]，因此不受垃圾收集器的影响。

transactionEnable 函数可开启 WAL 模式，默认为关闭。WAL（Write-Ahead Logging）指预写日志系统，是数据库中一种高效的日志算法，对于非内存数据库而言，磁盘 I/O 操作是数据库效率的一大瓶颈。在相同的数据量下，采用 WAL 日志的数据库系统在事务提交时，磁盘写操作只有传统的回滚日志的一半左右，大大提高了数据库磁盘 I/O 操作的效率，从而提高了数据库的性能。

```
DB db6 = DBMaker.memoryDirectDB().make();
```

（6）构建堆外缓存。在此种模式下，数据完全存储于直接内存（DirectByteBuffer）中，可以使用 allocateIncrement 参数和 allocateStartSize 参数设置直接内存大小。除此之外，还应在 JVM 处规定堆外缓存使用大小，否则设置可能无法生效。JVM 通过(-Xmx10G)参数与(XX:MaxDirectMemorySize=5G)参数来设置堆外缓存使用大小。

```
HashMapMaker<?,?> memorySharedHashMap = DBMaker.memorySharedHashMap(5);
```

（7）构建独立碎片性堆外缓存。与 heapSharedHashMap 类似，在此种模式下，会把数据存储于直接内存中。

```
DB db8 = DBMaker.tempFileDB().make();
```

在临时文件夹中创建新的数据库。如果程序关闭，则删除临时文件：

```
File f = File.createTempFile("some2","file2");
Volume volume = MappedFileVol.FACTORY.makeVolume(f.getPath(),false);
boolean contentAlreadyExists = false;
DB db9 = DBMaker.volumeDB(volume, contentAlreadyExists).make();
HTreeMap<String, Long> map9 = db9.hashMap("map", Serializer.STRING,
Serializer.LONG).create();
map9.put("something", 123456L);
System.out.println(map9.get("something"));
```

MapDB 允许用户用自己的卷、文件集、移动硬盘建立数据库。例如，在上面的代码中，打开内存映射文件并在其上创建数据库。注意，contentAlreadyExists 指映射文件中是否已经包含数据库。如果已包含数据库，则打开数据库；如果未包含数据库或为空的映射文件，则覆盖数据库。此方式生成的文件如图 11-2 所示。

| some23727417408948064480file2 | 2020/12/10 22:26 | 文件 | 2,048 KB |

图 11-2

11.4　MapDB 的使用方法

1. 使用 TreeSet

TreeSet 是一个包包含序且没有重复元素的集合，作用是提供有序的 Set 集合。它继承自 AbstractSet 抽象类，实现了 NavigableSet<E>、Cloneable 和 Serializable 接口。TreeSet 是基于 treeMap 实现的。TreeSet 支持两种排序方式：自然排序，以及根据提供的 Comparator 进行排序。

DB 在被创建之后，通常会转换成 TreeSet、TreeMap、HashSet、HashMap 和 IndexTreeList 等形式的集合。DB 调用某一 TreeSet 的代码如下所示（构造代码见 11.3 节）：

```
db.treeSet("treeSet");
```

db.treeSet 虽然转换成了 TreeSet 集合，但未打开该集合并使用。集合可以由三种方式打开，如下所示：

- create()：创建新的集合。如果集合存在，则抛出异常。
- open()：打开存在的集合。如果集合不存在，则抛出异常。
- createOrOpen()：打开集合，如果集合不存在，则创建新的集合。

注意，不要使用已被弃用的 make 函数，以免出现 bug。完整创造集合且打开 TreeSet 的代码如下所示：

```
DB db = DBMaker.memoryDirectDB().make();
NavigableSet<Object[]> treeSet = db.treeSet("treeSet")
.serializer(new SerializerArrayTuple(Serializer.STRING, Serializer.INTEGER))
.createOrOpen();
treeSet.add(new Object[]{"John",1});
treeSet.add(new Object[]{"Lili",2});
treeSet.add(new Object[]{"Anna",1});
System.out.println(treeSet.first()[0]);//Anna
```

NavigableSet 是 Java.util 包下的集合接口，继承自 SortedSet。它是一个红黑树实现的链表结构，可以直接作为集合使用。但是由 DB 创建出来的 NavigableSet 只能使用 Object[]作为泛型。

2. 使用 TreeMap

TreeMap 是基于 NavigableMap 接口使用红黑树算法实现的。BTreeMap 是一个可伸缩的并发 ConcurrentNavigalMap 接口的实现，其中包含插入、移除、更新作等 API 函数。另外，在 BTreeMap 中，键的升序排序比降序排序要快一些。

BTreeMap 的示例代码如下所示：

```
DB db = DBMaker.memoryDirectDB().make();
BTreeMap<byte[], Integer> map = db
            .treeMap("towns", Serializer.BYTE_ARRAY, Serializer.INTEGER)
            .createOrOpen();
map.put("New York".getBytes(), 1);
map.put("New Jersey".getBytes(), 2);
map.put("Boston".getBytes(), 3);
System.out.println(map.get("New Jersey".getBytes()));//2
Set<Entry<byte[],Integer>> entrySet = map.prefixSubMap("New".getBytes()).entrySet();
for (Entry<byte[], Integer> entry : entrySet) {
    System.out.println(new String(entry.getKey())+"---"+entry.getValue());
//New Jersey---2
//New York---1
}
```

3. 使用 HashMap

使用 HashMap 的代码如下所示：

```
ConcurrentMap hashMap = db.hashMap("map").create();
hashMap.put("something", "here");
System.out.println(hashMap.get("something"));//here
```

也可以通过 MapDB 的自身序列化方式得到 HTreeMap，代码如下所示：

```
DB db = DBMaker.memoryDirectDB().make();
HTreeMap<String, String> hashMap = db
.hashMap("hashMap", Serializer.STRING, Serializer.STRING)
.createOrOpen();
hashMap.put("1", "2");
System.out.println(hashMap.get("1"));//2
```

4. 使用 IndexTreeList

IndexTreeList 是 MapDB 中的 List 实现方式，使用 IndexTreeList 的代码如下所示：

```
DB db = DBMaker.memoryDirectDB().make();
IndexTreeList<Object> indexTreeList =
db.indexTreeList("indexTreeList").createOrOpen();
indexTreeList.add("indexTreeList1");
indexTreeList.add("indexTreeList2");
System.out.println(indexTreeList);//[indexTreeList1, indexTreeList2]
```

11.5　MapDB 实战

11.5.1　MapDB 的序列化

MapDB 通过 DB 暴露的 API 可获得各类容器，在容器中使用 create 函数制作出相应的空间。这些空间可转换成 ConcurrentMap、KeySet 等存储形式，代码如下所示：

```
public static void main(String[] args) throws Exception {
    DB db = DBMaker.fileDB("file.db").make();
    ConcurrentMap<String,Long> map1 = db.hashMap("map", Serializer.STRING,
Serializer.LONG).create();
    KeySet<String> set1 = db.hashSet("set", Serializer.STRING).create();
    map1.put("something", 123456L);
    set1.add("123");
    set1.add("456");
```

```
System.out.println(map1.get("something"));
System.out.println(set1.getMap().keySet());
}
```

大多数哈希映射使用的是 Object.hashcode 生成的 32 位哈希，并使用 Object.equals(other)检查是否相等。MapDB 通过 Key 序列化生成哈希代码。例如，byte[]可以直接在 HTreeMap 中作为 key 使用。如果序列化，则 BYTE_ARRAY 可用作关键序列化器，序列化代码如下所示：

```
HTreeMap<byte[], Long> map = db.hashMap("map")
    .keySerializer(Serializer.BYTE_ARRAY)
    .valueSerializer(Serializer.LONG)
    .create();
```

同理，Object[]数组也可以用作键，并用 byte[]替换字符串，这样可直接提高性能。序列化代码如下所示：

```
BTreeMap<Object[], Long> map = db.treeMap("map")
    .keySerializer(new SerializerArray(Serializer.JAVA))
    .keySerializer(new SerializerArray(Serializer.STRING))
    .createOrOpen();
```

11.5.2 MapDB 的事务

DB 处理事务生命周期的方法是 commit（提交）、rollback（回滚）和 close（关闭），一个 DB 对象表示单个事务。使用 MapDB 的事务的代码如下所示：

```
DB db = DBMaker
            .fileDB("file3.db")
            .fileMmapEnable()
            .transactionEnable() //开启事务
            .closeOnJvmShutdown() //当 JVM 关闭时关闭 DB
            .make();
ConcurrentMap<String,Long> map = db
            .hashMap("mapsl3", Serializer.STRING, Serializer.LONG)
            .createOrOpen();
map.put("a", 1L);
map.put("b", 2L);
db.commit();
System.out.println(map.get("a"));//1
System.out.println(map.get("b"));//2
map.put("c", 3L);
System.out.println("rollback 之前, c:" + map.get("c"));//3
db.rollback();
System.out.println("rollback 之后, a:" + map.get("a"));//1
```

```
    System.out.println("rollback 之后, c:" + map.get("c"));//null
```

11.5.3 MapDB 的监听器与多级缓存

HTreeMap 支持监听器，可监听 HTreeMap 的插入、更新和删除等，可以将两个集合链接在一起。

所谓多级缓存指在整个系统架构的不同层级分别进行数据缓存，以提升访问效率。这也是最常用的编程方式。在 MapDB 中，一条数据在堆内缓存中过期后，它将被修改侦听器自动移到磁盘缓存上。MapDB 建立绑定的代码如下所示：

```java
public static void main(String[] args) throws Exception {
    DB dbDisk = DBMaker.fileDB("file").make();//初始化磁盘缓存
    DB dbMemory = DBMaker.memoryDB().make();//初始化堆内缓存

    // 过期数据存放在 onDisk（磁盘缓存）中，由于磁盘缓存方便扩容，所以适合存放大量数据
    HTreeMap onDisk = dbDisk.hashMap("onDisk").create();

    // 少量数据存放在 inMemory（堆内缓存）中，由于堆内缓存较小，但速度更快，所以适合存放热数据
    HTreeMap inMemory = dbMemory.hashMap("inMemory")
.expireAfterGet(1, TimeUnit.SECONDS)//过期时间，此处设置为 1 秒
            .expireOverflow(onDisk) //此寄存器溢出到磁盘
            .expireExecutor(Executors.newScheduledThreadPool(2)) //启动自动过期
            .create();
}
```

一旦建立绑定，则从堆内缓存中删除的过期数据都将被添加到磁盘缓存中，但这仅适用于过期数据。map.remove()可删除磁盘缓存中的数据，示例代码如下所示：

```java
//同时在两个缓存中添加数据
inMemory.put("name", "zfx");
//移除堆内缓存中的 name 索引
inMemory.remove("name");
//在磁盘缓存中也无法获得 name 索引的数据
onDisk.get("name"); //null
```

如果调用了 inMemory.get(key)，并且值不存在，则 MapDB 将尝试在磁盘缓存中查找 Map。如果能在磁盘缓存中找到值，则把该值添加到堆内缓存中，示例代码如下所示：

```java
System.out.println(onDisk.size());//0
onDisk.put(1,"one");
System.out.println(inMemory.size());//1
//从堆内缓存中获取 key 值为 1 的数据，如果获取不到，则去磁盘缓存中获取
System.out.println(inMemory.get(1)); //one
//从磁盘缓存中获取除 key 值外的数据后，把它放置在堆内缓存中
```

```
System.out.println(inMemory.size()); //> 1
```

也可以删除整个容器，并把所有数据移到磁盘中：

```
inMemory.put(1,11);
inMemory.put(2,11);
//删除上面两条堆内缓存数据，它们会被存储到磁盘缓存中
inMemory.clearWithExpire();
System.out.println(onDisk.size());//2
System.out.println(inMemory.size());//0
System.out.println(inMemory.get(1));//11
System.out.println(inMemory.size());//1
```

值得注意的是，这种由堆内缓存转到磁盘缓存的代码编写方式，其构建部分代码最好在某一静态块中进行处理，以免多次被请求到，导致不必要的麻烦。

第 12 章

基于 Redis 的分布式锁解决方案：Redisson

通常来说，秒杀系统在活动期间都需要极高的性能，为了防止超买或超卖，此时需要使用分布式锁解决数据的一致性问题。本章介绍基于 Redis 的分布式锁解决方案：Redisson。

12.1 分布式锁与 Redisson 原理

1. 分布式锁

分布式锁即把 JVM 内部的 synchroinzed 放置在 Redis 中，多台服务器可共同去 Redis 中请求这把锁。

在分布式场景下，为了保证数据一致性，在进行通信时可以共享存储，使各个应用系统拥有更好的自治性。例如，在秒杀系统中，分布式锁可以保证数据一致性，防止超买和超卖。

除了基于 Redis 的分布式锁解决方案，还可以使用 ZooKeeper、Memcached、Chubby 等实现方案。在实际使用分布式锁时，可以将分布式锁设计成悲观锁和乐观锁等模式。

当通过编程设计分布式锁时，需要考虑如下特性：

- 互斥：在分布式高并发条件下，同一时刻只有一个线程可以获得锁。
- 防止死锁：在分布式高并发条件下，比如有个线程在获得锁之后，还没有来得及释放锁，就因为系统故障或者其他原因使它无法执行释放锁的命令，导致其他线程无法获得锁，进而造成死锁。所以有必要设置锁的有效时间，确保在系统出现故障后，在一定时间内能够主动释放锁，避免造成死锁。

- 性能：对于访问量大的共享资源，需要减少锁等待的时间，避免大量线程阻塞。为了保证性能，锁的范围要尽可能小，如果锁住两行代码能解决问题，就不要锁住十行代码。另外，锁的颗粒度要小，如果锁住商品 ID 可以解决问题，就不要锁住商品的整个对象或整行数据。
- 重入：同一个线程可以重复拿到同一个资源的锁。重入锁非常有利于资源的高效利用。

2. Redisson 原理

Redisson 是架设在 Redis 上的一个 Java 驻内存数据网格（In-Memory Data Grid），是 Redis 官方推荐的框架。

Redisson 在 Netty 框架上，充分利用 Redis 键值数据库提供的一系列优势，在 Java 实用工具包中常用接口的基础上，为使用者提供了一系列具有分布式特性的常用工具类。使得原本作为协调单台多线程并发程序的工具包获得了协调分布式多机多线程并发系统的能力，大大降低了设计和研发大规模分布式系统的难度。同时结合各富特色的分布式服务，更进一步简化了分布式环境中程序相互之间的协作。

Redisson 兼容 Redis 2.6 以上版本和 JDK 1.6 以上版本，使用 Apache License 2.0 授权协议，其特点如下：

- 支持 Redis 集群模式，如自动发现主节点变化、自动发现主从节点、自动更新状态、监听数值变化等。
- 支持 Redis 哨兵模式，如自动发现主节点、从节点和哨兵节点，自动更新状态。
- 支持 Redis 主从模式。
- 支持 Redis 单节模式。
- 多节点模式均支持读写分离，如主读主写、从读主写和主从混读主写。
- 所有对象和接口均支持异步操作。
- 自行管理的弹性异步连接池。
- 所有操作线程安全。
- 支持 Lua 脚本。
- 支持采用多种方式自动序列化和反序列化（如 Jackson JSON、Avro、Smile、CBOR、MsgPack、Kryo、FST、LZ4、Snappy 和 JDK）。
- 提供分布式锁和同步器，如可重入锁（Reentrant Lock）、公平锁（Fair Lock）、联锁（MultiLock）、红锁（RedLock）、读写锁（ReadWriteLock）、信号量（Semaphore）、可过期性信号量（PermitExpirableSemaphore）和闭锁（CountDownLatch）等。

- 提供分布式对象，如通用对象（Object Bucket）、二进制流（Binary Stream）、地理空间对象桶（Geospatial Bucket）、原子类（AtomicLong 或 AtomicDouble）、订阅发布、布隆过滤器（Bloom Filter）和基数估计算法（HyperLogLog）等。
- 提供分布式锁和同步器。
- 提供分布式集合，如映射(Map)、多值映射(Multimap)、集(Set)、列表(List)、有序集(SortedSet)、计分排序集(ScoredSortedSet)、字典排序集(LexSortedSet)、列队（Queue）、双端队列（Deque）、阻塞队列(Blocking Queue)、有界阻塞列队(Bounded Blocking Queue)、阻塞双端列队(Blocking Deque)、阻塞公平列队（Blocking Fair Queue）、延迟列队（Delayed Queue）、优先队列（Priority Queue）和优先双端队列（Priority Deque）。
- 提供分布式服务，如分布式远程服务（Remote Service, RPC）、分布式实时对象（Live Object）服务、分布式执行服务 Executor Service、分布式调度任务服务 Scheduler Service 和分布式映射归纳服务 MapReduce）。
- 提供多种集成方式。

3. Redisson 相关机制

（1）加锁机制：在 Java 线程成功请求锁之后，会执行 Redisson 的内置 LUA 脚本，并保存数据到 Redis 中。在 Java 线程请求锁失败之后，会通过 while 无限循环进行阻塞，不断请求锁，直到获取成功。

（2）看门狗机制：看门狗也被称为 watch dog 或 watchdog timer，属于一种定时器机制。在某一服务开启了开门狗机制之后，在运行过程中，需要不断向看门狗发出一个信号，这个行为被称之为"喂狗"（feed dog）。在不断喂狗的情况下才能正常进行操作。若在一定内没有"喂狗"，则看门狗会中断当前操作，并重启计时器。Redisson 采用了看门狗自动机制，假如一台 Java 服务器请求到了锁，但该服务器突然宕机，无法释放锁，则在一定时间之后（默认 30 秒），Redisson 会强制释放锁。

（3）Reisson 与 Jedis 最大的不同之处在于，Redisson 底层使用了各种封装的 LUA 脚本，这种方案的好处是 LUA 脚本在单线程的 Redis 中可以保证更好的原子性。

12.2　单机版超买或超卖问题描述及解决方案

单机版超买或超卖问题描述

多线程在并发执行时，可能会发生重复删除数据或未删除数据等情况，例如：

```
package Thread;
```

```
class MyThread extends Thread{
    private int count=0;
    public MyThread(int count) {
            this.count = count;
    }
    @Override
    public void run(){
        count --;
        System.out.print(Thread.currentThread().getName() + "~" + count + "。");
    }
}
public class Test5{
    private static int count = 50;
    public static void main(String[] args){
        MyThread myThread = new MyThread(count);
        for(int i = 0; i < 30; i++){
            Thread thread = new Thread(myThread, "i+" + i);
            thread.start();
        }
    }
}
```

日志如下所示：

i+0~48。i+3~46。i+2~47。i+4~45。i+1~48。i+5~44。i+6~43。i+7~42。i+8~41。i+9~40。i+10~39。
i+11~38。i+12~37。i+13~36。i+15~35。i+17~34。i+18~33。i+16~32。i+19~31。i+14~30。i+20~28。i+23~28。
i+24~27。i+21~26。i+25~25。i+22~24。i+29~23。i+27~22。i+28~20。i+26~21。

从日志中可以看出，在 i+0 线程与 i+1 线程处，结果都为 48，即 48 被连续减了两次，说明已经发生了数据一致性问题。

解决方案

在单机情况下，如果想解决多线程共享数据产生的数据一致性问题，则只需在多线程处加锁（synchronized）即可，代码如下所示：

```
package Thread;
class MyThread extends Thread{
    private int count=0;
    public MyThread(int count) {
            this.count = count;
    }
    @Override
    synchronized public void run(){
```

```
        count --;
        System.out.print(Thread.currentThread().getName() + "~" + count + "。");
    }
}

public class Test5{
    private static int count = 50;
    public static void main(String[] args){
        MyThread myThread = new MyThread(count);
        for(int i = 0; i < 30; i++){
            Thread thread = new Thread(myThread, "i+" + i);
            thread.start();
        }
    }
}
```

日志如下所示：

i+0-49。i+3-48。i+2-47。i+1-46。i+4-45。i+7-44。i+6-43。i+9-42。i+8-41。i+5-40。i+11-39。i+10-38。i+12-37。i+13-36。i+14-35。i+16-34。i+17-33。i+15-32。i+20-31。i+23-30。i+18-29。i+21-28。i+19-27。i+22-26。i+27-25。i+24-24。i+29-23。i+25-22。i+26-21。i+28-20。

从日志中可以看出，其数据是有序递减的。

12.3 分布式版超买或超卖问题描述及解决方案

分布式版超买或超卖问题描述

单机版超买或超卖问题可以通过加锁解决，但是在集群化部署中，对于两台服务器的锁应如何统一处理？

解决方案

当有两台服务器时，把 count 值放置在 Redis 中，即使给本地 run 函数增加 synchronized 或给 count 增加 synchronized，也无法改变另一台服务器中的相关请求，所以此时需要将整个 synchronized 移交到 Redisson 中，做分布式锁的架构即可解决该问题。

Redisson 中的代码如下所示：

```
package redisson;
import org.redisson.Redisson;
import org.redisson.api.RLock;
```

```java
import org.redisson.api.RedissonClient;
import org.redisson.config.Config;
public class RedissonTest {
    public static void main(String[] args) {
            Config config = new Config();
            config.useClusterServers()
              .setScanInterval(2000)
              .addNodeAddress("redis://127.0.0.1:6379");
            RedissonClient redisson = Redisson.create(config);
            RLock lock = redisson.getLock("anyLock");
            lock.lock();
            try {
              //doSomething
            } finally {
              lock.unlock();
            }
    }
}
```

在上面的代码中，可以通过 config 配置相关属性，在 addNodeAddress 处增加 Redis 集群，在 doSomething 处增加业务代码。即便出现了"死锁"，只需 30 秒后 Redis 即可自动释放锁。

为了防止分布式系统中多个进程之间相互干扰，需要用一种分布式协调技术对这些进程进行调度。而分布式协调技术的核心就是分布式锁。简单来说，当多个程序或应用在操作某一数据时，应先请求一个外部服务器的锁，如果请求到，则行业务操作；如果没有请求到，则需进行阻塞等待。

基于 Redis 的分布式锁指将 Redis 的某一值作为锁而存在。假设有两台 Java 服务器，其中一台在请求到 Redis 这一值的锁之后，即可进行数据库操作；而另一台 Java 服务器需要等待第一台服务器执行释放掉 Redis 的锁之后才能再次进行请求。

Redisson 的功能十分强大，包括队列、定时任务、订阅发布通信、对 Redis 增删改查等不同。

如果系统需要分式式、高并发，那么必须设计分布式锁重。

12.4　多线程死锁问题描述及解决方案

多线程死锁问题描述

Java 线程死锁是一个经典的多线程问题，因为不同的线程都在等待根本不可能被释放的锁，从而导致所有的任务都无法完成。在多线程技术中，"死锁"是必须避免的，因为这可能会造成线程的"假死"，代码如下所示：

```java
class ThreadA implements Runnable{
    public String username;
    private Object obj1 = new Object();
    private Object obj2 = new Object();
    public void setUsername(String username) {
            this.username = username;
    }

    @Override
    public void run() {
            if (username.equals("zhangfangxing")) {
                    synchronized (obj1) {
                            System.out.println("zhangfangxing obj1 username: " +
username + ",threadname:" + Thread.currentThread().getName());
                            try {
                                    Thread.sleep(3000);
                            } catch (InterruptedException e) {
                                    e.printStackTrace();
                            }
                            synchronized (obj2) {
                                    System.out.println("zhangfangxing obj2" +
",threadname: " + Thread.currentThread().getName());
                            }
                    }
            }
            if (username.equals("zfx")) {
                    synchronized (obj2) {
                            System.out.println("zfx obj1 username:" + username +
",threadname: " + Thread.currentThread().getName());
                            try {
                                    Thread.sleep(3000);
                            } catch (InterruptedException e) {
                                    e.printStackTrace();
                            }
                            synchronized (obj1) {
                                    System.out.println("zfx obj2" + ",threadname: " +
Thread.currentThread().getName());
                            }
                    }
            }
    }
}

public class test20{
    public static void main(String[] args) {
```

```
ThreadA a = new ThreadA();
a.setUsername("zhangfangxing");
Thread t1 = new Thread(a);
t1.start();

try {
        Thread.sleep(1000);
} catch (InterruptedException e) {
        e.printStackTrace();
}

a.setUsername("zfx");
Thread t2 = new Thread(a);
t2.start();
    }
}
```

输出结果如图 12-1 所示。

图 12-1

值得注意的是，此时线程处于未关闭状态，Terminate 按钮仍是可以使用的。

解决方案

当 Terminate 按钮仍可用时，先不要关闭线程，而是通过 jps 和 jstack 两个工具查询 Java 死锁。它们的地址在 $JAVA_HOME/bin 目录下。

- jps 是 Java 提供的一个显示当前所有 Java 进程的工具，适合在 Linux 或 UNIX 平台上查看当前 Java 进程的一些简单情况。它的作用是显示当前系统的 Java 进程，通过它可以查看到底启动了多少个 Java 进程（每个 Java 程序都会独占一个 Java 虚拟机实例），并且可以通过 opt 命令查看这些进程的详细启动参数。
- jstack 是 JDK 自带的线程堆栈分析工具，使用该工具可以查看或导出 Java 应用程序中的线程堆栈信息。

在$JAVA_HOME/bin 目录下输入 jps 命令，结果如图 12-2 所示。

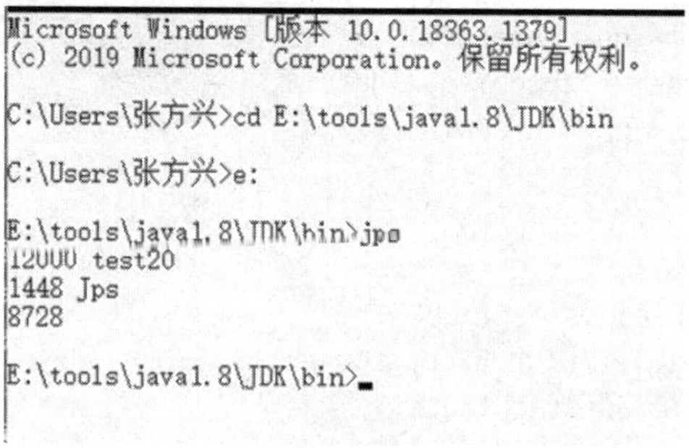

图 12-2

从图 12-2 中可以看出，当前一共有 3 个 Java 进程，其中，test20 测试类进程的 PID 为 12000，它就是未终止的死锁进程。此时可以在 jstack 命令后输入 PID，即可查看当前 PID 是否包含死锁进程，命令如下所示：

```
jstack -l 12000
```

执行结果如下所示：

```
Found one Java-level deadlock:
============================
"Thread-1":
  waiting to lock monitor 0x00000000034dec88 (object 0x0000000715ac3be0, a
java.lang.Object),
  which is held by "Thread-0"
"Thread-0":
  waiting to lock monitor 0x00000000034dd7e8 (object 0x0000000715ac3bf0, a
java.lang.Object),
  which is held by "Thread-1"

Java stack information for the threads listed above:
===================================================
"Thread-1":
        at Thread.ThreadA.run(test20.java:34)
        - waiting to lock <0x0000000715ac3be0> (a java.lang.Object)
        - locked <0x0000000715ac3bf0> (a java.lang.Object)
        at java.lang.Thread.run(Thread.java:748)
"Thread-0":
        at Thread.ThreadA.run(test20.java:21)
        - waiting to lock <0x0000000715ac3bf0> (a java.lang.Object)
        - locked <0x0000000715ac3be0> (a java.lang.Object)
        at java.lang.Thread.run(Thread.java:748)

Found 1 deadlock.
```

从执行结果中可以看出，目前仍在执行的只有两个线程，即"Thread-1"与"Thread-0"，此时它们都在等待锁。而目前已找到一处死锁（Found 1 deadlock）。找到死锁位置即可解决多线程死锁的问题。

在分布式锁的情况下，Redisson 有看门狗机制可以自动释放锁。

12.5　Redisson 实战

12.5.1　Redisson 的可重入锁

如果一个线程已经获得了锁，并且其内部还可以多次申请该锁，那么该锁即为可重入锁。

可以把可重入锁看成锁的一个标识，该标识具有计数器功能。标识的初始值为 0，表示当前锁没有被任何线程持有。每当有线程获得可重入锁时，该锁的计数器就加 1。每当有线程释放该锁时，该锁的计数器减 1。前提是：当前线程已经获得了该锁。JDK 的 Lock 接口释义如下所示：

- lockInterruptibly()：表面加锁时，当前拥有锁的线程可以被中断。
- tryLock()：尝试获取锁，能获取则返回 true，否则返回 false。
- tryLock(long time, TimeUnit unit)：与 tryLock()类似，只是会尝试一段时间。
- unlock()：拥有锁的线程释放锁。
- newCondition()：返回一个新的与当前实例绑定的 Condition。

JDK 自带 ReentrantLock 实现类，以实现 Lock 接口进行重入锁功能，代码如下所示：

```
ReentrantLock reentrantLock = new ReentrantLock();
reentrantLock.tryLock();
reentrantLock.unlock();
```

12.5.2　Redisson 的公平锁

CPU 在调度线程时会从等待队列里随机挑选一个线程，由于是随机的，所以无法保证线程先到先得，同时有些线程（优先级较低的线程）可能永远无法获取 CPU 的执行权，此时就需要用公平锁进行处理。公平锁可以保证线程按照时间的先后顺序执行，但公平锁的效率较低，因为它需要维护一个有序队列，代码如下所示：

```
ReentrantLock lock=new ReentrantLock(true);//公平锁
ReentrantLock lock=new ReentrantLock();//不公平锁
```

创建公平锁的应用代码如下所示：

```
package redisson;
import java.util.concurrent.locks.ReentrantLock;
public class RedissonTest {
    public static void main(String[] args) {
        MyLock lock=new MyLock ();
        Thread th1=new Thread(lock);
        Thread th2=new Thread(lock);
        th1.start();
        th2.start();
    }
}
class MyLock implements Runnable{
    //创建公平锁
    private static ReentrantLock lock=new ReentrantLock(true);
    public void run() {
        while(true){
            lock.lock();
            try{
                System.out.println(Thread.currentThread().getName()+"获得锁");
            }finally{
                lock.unlock();
            }
        }
    }
}
```

输出结果如下所示：

Thread-1 获得锁
Thread-0 获得锁
Thread-1 获得锁
Thread-0 获得锁
Thread-1 获得锁
Thread-0 获得锁
Thread-1 获得锁
Thread-0 获得锁

若使用不公平锁，则输出结果如下所示：

Thread-1 获得锁
Thread-1 获得锁
Thread-1 获得锁
Thread-1 获得锁

```
Thread-0 获得锁
Thread-0 获得锁
Thread-1 获得锁
Thread-0 获得锁
```

基于 Redis 的 Redisson 分布式可重入公平锁是实现 java.util.concurrent.locks.Lock 接口的一个 RLock 对象，同时还提供了异步（Async）、反射式（Reactive）和 RxJava2 标准的接口。它保证了当多个 Redisson 客户端线程同时请求加锁时，优先分配给先发出请求的线程，所有请求线程会在一个队列中排队。当某个线程宕机时，Redisson 会等待 5 秒后继续执行下一个线程。也就是说，如果前面有 5 个线程都处于等待状态，那么后面的线程需至少等待 25 秒，代码如下所示：

```
RLock fairLock = redisson.getFairLock("anyLock");
fairLock.lock();
```

如果负责储存这个分布式锁的 Redis 节点宕机了，而这个锁刚好处于锁住的状态，那么这个锁会锁死。为了避免这种情况的发生，Redisson 内部提供了一个监控锁的"看门狗"，它的作用是在 Redisson 实例被关闭前，不断地延长锁的有效期。在默认情况下，"看门狗"检查锁的超时时间是 30 秒，也可以通过修改 Config.lockWatchdogTimeout 参数来另行指定。另外，Redisson 还可以通过加锁的方式提供 leaseTime 参数来指定加锁的时间，即超过这个时间后锁便自动解开，代码如下所示：

```
// 10 秒后自动解锁
// 无须调用 unlock 方法手动解锁
fairLock.lock(10, TimeUnit.SECONDS);
// 尝试加锁，最多等待 100 秒，上锁 10 秒后自动解锁
boolean res = fairLock.tryLock(100, 10, TimeUnit.SECONDS);
//doSomething
fairLock.unlock();
```

Redisson 还为分布式锁提供了异步执行的相关方法，代码如下所示：

```
RLock lock = redisson.getLock("anyLock");
lock.lockAsync();
lock.lockAsync(10, TimeUnit.SECONDS);
Future<Boolean> res = lock.tryLockAsync(100, 10, TimeUnit.SECONDS);
```

RLock 对象完全符合 Java 的 Lock 规范。也就是说，只有拥有锁的进程才能解锁，如果其他进程解锁，则会抛出 IllegalMonitorStateException 错误。

12.5.3　Redisson 的联锁

联锁指在程序设计中同时使用多个锁。Redisson 的 MultiLock 对象可以将多个 RLock 对象关联为一个联锁，每个 RLock 对象可以来自不同的 Redisson 实例，代码如下：

```
RLock lock1 = redissonInstance1.getLock("lock1");
RLock lock2 = redissonInstance2.getLock("lock2");
RLock lock3 = redissonInstance3.getLock("lock3");

RedissonMultiLock lock = new RedissonMultiLock(lock1, lock2, lock3);
// 同时加锁：lock1、lock2 和 lock3
// 所有的锁都上锁成功才算成功
lock.lock();
...
lock.unlock();
```

12.5.4　Redisson 的红锁

红锁（Redis Distributed Lock，RedLock）是一种算法，可以实现多节点 Redis 的分布式锁，它的特性如下：

- 互斥访问：即永远只有一个客户端能拿到锁。
- 避免死锁：不会出现死锁的情况，即使锁定资源的服务崩溃或者分区，仍然能释放锁。
- 容错性：只要大部分 Redis 节点存活（一半以上），就可以正常提供服务。

RedLock 的原理如下所示：

- 获取当前 UNIX 时间，以毫秒为单位。
- 依次尝试从 N 个实例，使用相同的 key 和随机值获取锁。当为 Redis 设置锁时，客户端应该设置一个网络连接和响应超时时间，这个超时时间应该小于锁的失效时间。例如，锁的自动失效时间为 10 秒，则超时时间应该设置在 5~50 毫秒之间。这样可以避免在服务器端 Redis 已经"挂掉"的情况下，客户端还在等待响应结果。如果服务器端没有在规定的时间内响应，则客户端应该尽快尝试另一个 Redis 实例。
- 客户端使用当前时间减去开始获取锁时间即可得到获取锁可使用的时间。当大多数（这里是 3 个节点）的 Redis 节点都取到了锁，并且锁可使用的时间小于锁失效时间时，才算获取成功。
- 如果取到了锁，则 key 的真正有效时间等于有效时间减去获取锁所使用的时间。
- 如果获取锁失败，则客户端应该在所有的 Redis 实例上进行解锁（即便某些 Redis 实例根本没有加锁）。

RedissonRedLock 对象实现了 RedLock 介绍的加锁算法，该对象可以将多个 RLock 对象关联为一个红锁，每个 RLock 对象实例可以来自不同的 Redisson 实例：

```
RLock lock1 = redissonInstance1.getLock("lock1");
RLock lock2 = redissonInstance2.getLock("lock2");
RLock lock3 = redissonInstance3.getLock("lock3");
```

```
RedissonRedLock lock = new RedissonRedLock(lock1, lock2, lock3);
// 同时加锁：lock1、lock2 和 lock3
// 红锁在大部分节点上加锁成功就算成功
lock.lock();
...
lock.unlock();
```

12.5.5 Redisson 的读写锁

ReadWriteLock 是 JDK 中的读写锁接口，ReentrantReadWriteLock 是 ReadWriteLock 的一种实现。读写锁非常适合读多写少的场景。读写锁和互斥锁的一个重要区别是读写锁允许多个线程同时共享读变量，这也是读写锁在读多写少的情况下性能较高的原因。读写锁的特点如下所示：

- 多个线程可同时共享读变量。
- 只允许一个线程共享写变量。
- 写线程正在执行写操作，禁止其他线程读写共享变量。

读写锁的代码如下所：

```java
package redisson;
import java.util.concurrent.locks.Lock;
import java.util.concurrent.locks.ReadWriteLock;
import java.util.concurrent.locks.ReentrantReadWriteLock;

public class RedissonTest {
    final static ReadWriteLock rwLock = new ReentrantReadWriteLock();
    final static Lock readLock = rwLock.readLock();//读锁
    final static Lock writeLock = rwLock.writeLock();//写锁
    static int count = 0;
    public static void main(String[] args) {
        for (int i = 0; i < 3; i++) {
            new Thread(() -> {
                System.out.println(Thread.currentThread().getName() + ":" + get());
            }).start();
        }

        for (int i = 0; i < 3; i++) {
            new Thread(() -> {
                System.out.println(Thread.currentThread().getName() + " add");
                add();
            }).start();
        }
```

```
        for (int i = 0; i < 3; i++) {
            new Thread(() -> {
                System.out.println(Thread.currentThread().getName() + ":" + get());
            }).start();
        }
    }
    private static int get() {
        readLock.lock();
        try {
            return count;
        } finally {
            readLock.unlock();
        }
    }
    private static void add() {
        writeLock.lock();
        try {
            count++;
        } finally {
            writeLock.unlock();
        }
    }
}
```

读写锁的执行结果如下所示：

```
Thread-1:0
Thread-2:0
Thread-0:0
Thread-3 add
Thread-5 add
Thread-4 add
Thread-7:3
Thread-6:3
Thread-8:3
```

基于 Redisson 的分布式可重入读写锁 RReadWriteLock，Java 对象实现了 java.util.concurrent.locks.ReadWriteLock 接口。其中，读锁和写锁都继承了 RLock 接口。分布式可重入读写锁允许同时有多个读锁和一个写锁处于加锁状态，代码如下所示：

```
RReadWriteLock rwlock = redisson.getReadWriteLock("anyRWLock");
// 最常见的使用方法
rwlock.readLock().lock();
// 或 rwlock.writeLock().lock();
```

12.5.6　Redisson 的信号量

信号量（Semaphore）在多线程环境下被广泛使用。在 Java 并发库中，它可以控制某个资源当前被访问的次数，即通过 acquire 方法获取一个许可，如果没有就等待；然后通过 release 方法释放一个许可。

Semaphore 不仅维护了当前访问的个次数，还提供了同步机制，即可以控制同时访问的次数。在数据结构中，链表可以保存"无限"个节点，而使用 Semaphore 可以实现有限大小的链表。另外，可重入锁也可以实现该功能，但在实现上要复杂一些。Samaphore 的示例代码如下所：

```
package redisson;
import java.util.concurrent.Semaphore;

public class RedissonTest {
    public static void main(String[] args) {
        final Semaphore semp = new Semaphore(5);// 最多只能 5 个线程同时访问
        for (int i = 0; i < 10; i++) {
            Thread thread = new Thread(new DoSomething(semp, i));
            thread.start();
        }
    }
}
class DoSomething implements Runnable{
    private Semaphore semp;
    private int i;

    public DoSomething(Semaphore semp,int i) {
        this.semp = semp;
        this.i = i;
    }

    @Override
    public void run() {
        try {
            semp.acquire();// 获取许可
            System.out.println("用户： " + i + "获得许可进入 run");
            Thread.sleep((long) (Math.random() * 1000));
            semp.release();// 访问后释放
            System.out.println("用户： " + i + "访问结束，此信号量中当前可用的许可证数
" + semp.availablePermits());
        } catch (InterruptedException e) {
            e.printStackTrace();
        }
```

```
        }
    }
```

执行结果如下所示：

```
用户：1 获得许可进入 run
用户：3 获得许可进入 run
用户：2 获得许可进入 run
用户：4 获得许可进入 run
用户：0 获得许可进入 run
用户：4 访问结束，此信号量中当前可用的许可证数 1
用户：6 获得许可进入 run
用户：3 访问结束，此信号量中当前可用的许可证数 1
用户：5 获得许可进入 run
用户：5 访问结束，此信号量中当前可用的许可证数 1
用户：7 获得许可进入 run
用户：7 访问结束，此信号量中当前可用的许可证数 1
用户：8 获得许可进入 run
用户：2 访问结束，此信号量中当前可用的许可证数 1
用户：9 获得许可进入 run
用户：9 访问结束，此信号量中当前可用的许可证数 1
用户：1 访问结束，此信号量中当前可用的许可证数 2
用户：6 访问结束，此信号量中当前可用的许可证数 3
用户：0 访问结束，此信号量中当前可用的许可证数 4
用户：8 访问结束，此信号量中当前可用的许可证数 5
```

基于 Redisson 的分布式信号量，Java 对象 RSemaphore 采用了与 java.util.concurrent.Semaphore 相似的接口和用法，同时提供了异步、反射式和 RxJava2 标准的接口。

基于 Redisson 的可过期信号量，RPermitExpirableSemaphore.acquire 为每个信号增加了一个过期时间。每个信号都有独立的 ID，并且只能通过提交这个 ID 才能被释放。可过期信息号量提供了异步、反射式和 RxJava2 标准的接口，代码如下所示：

```
RPermitExpirableSemaphore semaphore =
redisson.getPermitExpirableSemaphore("mySemaphore");
String permitId = semaphore.acquire();
// 获取一个信号，有效期只有 2 秒
String permitId = semaphore.acquire(2, TimeUnit.SECONDS);
…
semaphore.release(permitId);
```

12.5.7　Redisson 的分布式闭锁

当一个用户请求服务器时，服务器为了响应，需要进行一系列的操作。例如，有的需要去调用多个接口，等待各个接口的返回结果。而各个接口之间相互独立，为了提高效率，一般会使用异步的方式调用。在所有异步线程都执行完毕后，再通知主线程，由主线程执行下一步的逻辑，最终把响应结果返回给用户。闭锁的存在是为了让主线程知道所有的线程都已执行结束，若多线程未执行完，则主线程阻塞；若多线程已执行完，则主线程执行下一步的逻辑。在 JUC 中提供了 CountDownLatch，它可以简化闭锁的操作。代码如下所示：

```java
package redisson;
import java.util.concurrent.CountDownLatch;
public class RedissonTest {
    public static void main(String[] args) {
            CountDownLatch countDownLatch = new CountDownLatch(3);
            new Thread(new DoSomething(countDownLatch, 2000)).start();
            new Thread(new DoSomething(countDownLatch, 1000)).start();
            new Thread(new DoSomething(countDownLatch, 2000)).start();
            try {
                    countDownLatch.await();
            } catch (InterruptedException e) {
                    e.printStackTrace();
            }
            System.out.println("主线执行结束");
    }
}
class DoSomething implements Runnable {
    private CountDownLatch countDownLatch;
    private long sleepTime;

    public DoSomething(CountDownLatch countDownLatch, long sleepTime) {
            this.countDownLatch = countDownLatch;
            this.sleepTime = sleepTime;
    }

    @Override
    public void run() {
            try {
                    Thread.sleep(sleepTime);
                    System.out.println("多线程执行结束
"+Thread.currentThread().getName());
            } catch (InterruptedException e) {
                    e.printStackTrace();
            } finally {
                    countDownLatch.countDown();
            }
    }
```

```
}
```

执行结果如下所示：

```
多线程执行结束 Thread-1
多线程执行结束 Thread-0
多线程执行结束 Thread-2
主线执行结束
```

基于 Redisson 的分布式闭锁，Java 对象 RCountDownLatch 采用了与 java.util.concurrent. CountDownLatch 相似的接口和用法，代码如下所示：

```
RCountDownLatch latch = redisson.getCountDownLatch("anyCountDownLatch");
latch.trySetCount(1);
latch.await();
// 在其他线程或其他 JVM 里
RCountDownLatch latch = redisson.getCountDownLatch("anyCountDownLatch");
latch.countDown();
```

## 第 13 章

Java 中的常见架构与工具

13.1　自动化测试架构

TestNG + Mocktio

JUnit 是 Java 单元测试的一站式解决方案，它把测试驱动的开发思想介绍给了 Java 开发人员，并教会他们如何有效地编写单元测试。但是在过去的几年中，JUnit 的改进并不大，所以为当前复杂的环境编写测试任务已经变得越来越困难，即 JUnit 必须与其他一些补充性测试框架集成起来。TestNG 是一个测试 Java 应用程序的新框架，功能十分强大。

EasyMock 和 Mockito 可以极大地简化单元测试的编写过程，因而被许多程序员应用在日常工作中。这两个工具无法实现对静态函数、构造函数、私有函数、Final 函数和系统函数的模拟，而这些函数在大型系统中必不可少。

JUnit + JMock

单元测试一般只测试某一个功能，但是由于类之间的耦合，往往难以把功能隔离开来。例如，想要测试某个业务逻辑处理数据的功能，但是数据是从 Database 取回的，这就涉及 DAO 层的类调用。但是很多时候，你不想让单元测试函数去访问数据库（，而是希望有一个假的 DAO 类刚好可以返回你需要的测试数据。此时即可使用 Mock，它的作用是在单元测试里模拟类的行为和状态。

JMock 与 Mocktio 都是提供 Mock 功能的框架。

13.2　自动化持续集成部署架构

Git/SVN + Jenkins

Git 和 SVN 都是版本控制器。Git 是分布式管理的版本控制器，通常被用于分布式模式，也就是说，每个开发人员从中心版本库或服务器上检出代码后都会在自己的机器上克隆一个与中心版本库一模一样的本地版本库。而 SVN 是集中式管理的版本控制器。

Jenkins 是一个开源的、提供友好操作界面的持续集成工具，主要用于持续、自动地构建或测试软件项目、监控外部任务的运行。Jenkins 是用 Java 语言编写的，既可以在 Tomcat 等流行的 Servlet 容器中运行，也可以独立运行。Jenkins 通常与版本管理工具（SCM）和构建工具结合使用。

常用的版本控制工具有 SVN 和 Git 等，常用的构建工具有 Maven、Ant 和 Gradle 等。

Jenkins 涉及持续集成（Continuous Integration，CI）和持续交付（Continuous Delivery，CD）。持续集成强调开发人员在提交新代码之后，立刻进行构建和（单元）测试。根据测试结果，确定新代码和原有代码能否正确地集成在一起。持续交付是在持续集成的基础上，将集成后的代码部署到类生产环境中。

Jenkins 可以把 FTP、SVN 或 Git 中存储的 Java 程序持续构建到生产与测试环境中。也就是说，在微服务分布式环境下，不需要每次更新都在各个服务器上上传代码。一个项目的服务器越多，Jenkins 的优势越明显。与 Jenkins 类似的软件有 Travis CI 等，不再赘述。

Puppet

Puppet 是 Linux、UNIX 和 Windows 操作系统的自动管理引擎，它根据集中式规范执行管理任务（例如，添加用户、安装软件包和更新服务器配置等）。Puppet 的简单陈述规范语言的能力提供了强大的代理服务，制定了主机之间的相似之处，同时使它们能够提供尽可能具体的、必要的管理内容，它依赖的先决条件和对象之间的关系清楚且明确。

Puppet 主要解决的是环境部署的难点，例如，需要给 50 台服务器安装 JDK，或者给 10 台服务器的 MongoDB 升级版本。如果在升级过程中出现意外的 Bug 和错误，此时就可以通过 Puppet 编写相关配置文件，一键安装到所有服务器上。与 Puppet 类似的软件有 Homebrew 等。

13.3 高并发架构

FreeMaker/Thymeleaf + FastDFS

页面静态化指将部分前端需要经常请求的内容，通过页面静态化引擎转换成独立的 HTML 页面进行缓存。也就是说，不再需要请求后端代码，即可直接返回独立的 HTML 页面，减轻后端的压力。例如，在某小说网站中如果对某本热门小说的每一章内容都去请求后端，则服务器和数据库的压力会过大，通过页面静态化技术，可以把该热门小说的每一章内容都制作成独立的 HTML 页面，当返回该页面时，服务器承受的压力几乎可以忽略不计。除小说网站外，门户网站、新闻网站、博客网站和视频网站都可以通过这样的技术进行架构。

FreeMaker/Thymeleaf + FastDFS 是一种页面静态化+文件管理系统的高并发架构，多用于视频、电商、小说等网站。这里的 FastDFS 也可以换成其他软件，其目的是减少对数据库的读取，将静态化页面存储在某存储引擎或文件管理系统中。

传统 SSM 项目架构在上传静态文件时通常上传至 SSM 项目服务器的本地，无法针对存储进行加卷之类的扩展性操作，因而 FastDFS 应运而生。FastDFS 是专门为了管理静态文件制作的独立运行的应用程序，静态文件可能包含图片、GIF、TXT 等。

在 Spring Boot + FastDFS + Thymeleaf 架构中，FastDFS 主要负责保存 Thymeleaf 生成的静态文件，并提供给 Spring Boot 进行读写操作。这是一种很常见的以空间换时间的架构模式。当文件管理系统中的数据量过大时，可以进行定时删除操作，极大地减少对 MySQL 的访问量。

当然，电商网站用 Elasticsearch 引擎或 MongoDB 缓存的也非常多，方便在读取页面时返回不同的数据，减少对 MySQL 数据库的访问量。页面静态化+文件管理系统的架构更加细致，返回速度更快，压力更小。

下面用一个简单的例子介绍 Spring Boot + FastDFS + Thymeleaf 架构的业务流程。假设前端需要请求一页新闻，首先，请求 Redis 查看缓存中是否包含 Thymeleaf 生成的静态页面标识。若没有，则通过 MySQL 请求静态页面标识。其次，在拿到静态页面标识后，即可通过 FastDFS 请求到 HTML 静态页面，并直接将其返回给前端进行处理。另外，管理员或定时任务可以定时修改 FastDFS 中的新闻（相当于更新 FastDFS 中的缓存）。

如果不使用该架构，仍假设前端需要请求一页一万字的新闻，则先在 Redis 中查询是否包含这一万字的新闻。若没有，再在 MySQL 中查询一万字的 String 字符串，转化速度极慢。这种架构相当于将大量的字符都缓存了起来，减少了后端的压力。但是将 N 篇一万字的新闻都缓存在 Redis 或 Elasticsearch 中并不是好的选择。

Spring Boot +Netty+ gRpc + Protobuf

Spring Boot + Netty + gRPC +Protobuf 是一种多语言多协议的集成架构，多用于金融、医疗等网站。

Protobuf 是一个与平台和语言无关，可扩展且轻便高效的序列化数据结构协议，可用于网络通信和数据存储。Protobuf 像 XML 和 JSON 一样，可以让由不同语言编写并在不同平台上运行的应用程序交换数据。例如，用 Go 语言编写的发送程序可以在 Protobuf 中对用 Go 语言编写的销售订单数据进行编码，然后用 Java 语言编写的接收方对它进行解码，以获取所接收订单数据的 Java 表示方式。Protobuf 传输的是二进制数据。Protobuf 和其他编码系统对结构化数据进行序列化和反序列化。

远程过程调用（Remote Procedure Call，RPC）框架实际上是提供了一套机制，使得应用程序之间可以进行通信，而且遵从 C/S 模型。在使用时，客户端调用服务器端提供的接口就像调用本地的函数一样。

gRPC 是 Google 公司针对远程过程调用提供的一种实现框架，通过 gRPC 框架配合 ProtoBuf 序列化传输协议，可以使数据如同本地调用一样轻松跨语言传输。例如，对于一些特定内容，若 C++ 性能比 Java 性能更加优秀，则可以使用 C++代码编写，之后再通过 gRPC+ Protobuf 架构让 Java 代码直接调用。

Spring Batch + Quartz + Kettle

Spring Batch 是 Spring 全家桶的一个组件，是一个批处理应用框架。它不是调度框架，但需要和调度框架合作来构建并完成批处理任务。它只关注批处理任务相关的问题，如事务、并发、监控、执行等，并不提供相应的调度功能。如果需要使用调度框架，则可以使用 Quartz、Tivoli、Control-M、Cron 等企业级调度框架。Spring Batch 擅长数据迁移、数据同步、数据批处理等工作。

Quartz 是 OpenSymphony 开源组织在 Job Scheduling 领域的又一个开源项目，它既可以与 J2EE 和 J2SE 应用程序相结合，也可以单独使用。Quartz 可以用来创建简单的或者可以运行上万个 Jobs 这样复杂的程序。Jobs 可以做成标准的 Java 组件或 EJBs。

Spring Batch + Quartz 通常与 Kettle、MySQL 一起使用。Kettle 是一款国外开源的 ETL（Extract-Transform-Load）数据仓库技术工具，可以在 Window、Linux、UNIX 操作系统上运行，数据抽取高效稳定。Spring Batch + Quartz 可将多个数据源的数据统一置入数据仓库中，由数据仓库导出各种所需要的数据。例如，原本的数据为用户表、购物车表和商品表，经数据仓库处理之后，可直接返回所需要的数据格式，而非多个表或多个值。除此之外，Kettle 包含界面化导出 Excel 的功能，可以由非技术类人员导出相关数据。

13.4 响应式编程架构

响应式编程（Reactive Programming）是一种面向数据流和变化传播的范式，可以在编程语言中很方便地表达静态或动态的数据流，相关的计算模型会自动将变化的值通过数据流进行传播。例如，c=a+b 表示将 a+b 表达式的结果赋给 c。在传统编程中，改变 a 或 b 的值不会影响 c；但在响应式编程中，c 的值会随着 a 或 b 值的变化而变化。

Reactor 是一个基于 JVM 之上的异步应用框架。为 Java、Groovy 和其他 JVM 语言提供构建基于事件和数据驱动应用的抽象库。Reactor 的性能相当高，在最新的硬件平台上，使用无堵塞分发器每秒可以处理 1500 万个事件。

Reactor 框架是 Spring 之前的项目，实现了 Reactive Programming 思想，符合 Reactive Streams 规范。。Spring WebFlux 是在 Ractor 框架基础上实现的响应式 Web 框架，完全无阻塞，支持 Reactive Streams 背压，并且可以在 Netty、Undertow 和 Servlet 3.1+等服务器上运行。

Spring WebFlux 的功能较多，下面通过代码展示部分功能：

```
<dependency>
    <groupId>org.springframework.boot</groupId>
    <artifactId>spring-boot-starter-webflux</artifactId>
</dependency>
package test2;
import org.springframework.boot.SpringApplication;
import org.springframework.boot.autoconfigure.SpringBootApplication;
import org.springframework.http.MediaType;
import org.springframework.web.bind.annotation.GetMapping;
import org.springframework.web.bind.annotation.RestController;
import reactor.core.publisher.Flux;
import reactor.core.publisher.Mono;


@SpringBootApplication
public class HelloWebFlux {
    public static void main(String[] args) { SpringApplication.run(HelloWebFlux.class,
args); }
    }


@RestController
class MyController{
    @GetMapping(value = "controller1",produces = MediaType.TEXT_EVENT_STREAM_VALUE)
    public Mono<String> controller1() {
        Mono<String> hello_world = null;
        long startTime = System.currentTimeMillis();
        hello_world =  Mono.fromSupplier(this::doSomething);
        System.out.println("controller1 总耗时为
"+(System.currentTimeMillis()-startTime));
        return hello_world;
    }


    @GetMapping(value = "controller2",produces = MediaType.TEXT_EVENT_STREAM_VALUE)
    public String controller2() {
        String hello_world = "";
```

```
        long startTime = System.currentTimeMillis();
        hello_world = doSomething();
        System.out.println("controller2 总耗时为
"+(System.currentTimeMillis()-startTime));
        return hello_world;
    }

    private String doSomething() {
        try {
            Thread.sleep(5000);
        } catch (InterruptedException e) {
            e.printStackTrace();
        }
        return "Hello World";
    }
}
```

此时分别调用 controller1 接口与 controller2 接口，后台日志输出如下所示：

```
controller1 总耗时为 1
controller2 总耗时为 5002
```

13.5 负载均衡架构

负载均衡的含义是通过多台服务器共同承载压力。例如，一个 HTTP 请求通过 Nginx 中间件转发给多台 Tomcat 的架构形式即为负载均衡架构。

负载均衡架构有多种表现形式，如下所示：

- 服务器端静态反向代理负载均衡架构：Keepalived + Nginx + Java。该架构被负载的实际地址是在配置文件中直接编写的 IP 地址与端口。该架构形式无法在正在运行的过程中进行修改。
- 服务器端动态反向代理负载均衡架构：Nginx + UpSync + Consul + Java。该架构被负载的实际地址是通过 Consul 注册中心记录的。Nginx 会通过 UpSync 插件获得到实际地址并进行负载均衡。该架构形式可以在系统正常运行时更新 Java 程序的节点。
- 客户端负载均衡架构 Spring Cloud + Consul + Spring Boot Ribbon。在该架构中，当 Java1 程序请求 Java2 程序时，Java1 程序会通过 Consul 获取 Java2 程序的节点信息，若 Java2 程序在 Consul 中注册了 N 个节点，则 Java1 程序在获得所有 Java2 程序的节点信息之后，会通过算法请求 Java2 程序的其中一个节点，即以客户端请求直接进行分发的方式达到负载均衡的目的。
- DNS 负载均衡技术的实现原理是在 DNS 服务器中为同一个主机名配置多个 IP 地址，以便将客户端的访问引导到不同的服务器上去，使得不同的客户端访问不同的服务器，从而达到负载均衡的目的。这种负载均衡技术通常由云服务商提供。与 DNS 负载均衡类似的是 CDN 负载均衡，不再赘述。

- 硬件负载均衡技术：通常由硬件直接进行数据与请求分发，达到负载均衡的结果。市场上常见的硬件有 NetScaler 和 Radware 等。
- 协议性负载均衡架构。例如，通过 HTTP 协议的重定向功能进行负载均衡，或通过自研协议进行负载均衡。
- 混合型负载均衡架构。使用多种负载均衡架构的混合架构，不同的应用程序可以采用不同的负载均衡架构。

13.6　监控工具与监控架构

1.　性能监控设计

性能监控通常指监控 Linux 服务器的 CPU、内存、I/O、硬盘、应用程序接口耗时等，常见的性能监控架构如下所示：

- Telegraf + InfluxDB + Chronograf + Kapacitor 架构。
- Prometheus + Grafana 架构。
- Elasticsearch + Logstash + Kibana + Filebeat 架构。
- Zabbix + Grafana 架构。

在 Telegraf + InfluxDB + Chronograf + Kapacitor 架构（简称 TICK 架构）中，InfluxDB 为时序数据库，负责数据存储；Telegraf 为独立运行的采集软件，负责数据采集；Chronograf 负责数据可视化；Kapacitor 负责告警、预警。Telegraf 从 Linux 系统或相关文件中获取数据，通过 HTTP 接口传到 InfluxDB 数据库中，Chronograf 会定时从 InfluxDB 数据库中获取相关数据并进行展示。

TICK 架构可转换成 Telegraf + InfluxDB + Grafana 架构（简称 TIG 架构），其中，Grafana 提供数据可视化与报警、预警功能。TICK 架构也可转换成 Prometheus + Grafana 架构（简称 PG 架构），即由 Prometheus 负责数据的采集与存储。

在 Elasticsearch + Logstash + Kibana 架构（简称 ELK 架构）中，Logstash 负责数据的采集，Elasticsearch 负责数据的存储，Kibana 负责数据的展示。当 Logstash 在大型项目中采集能力不足时，偶尔会增加 Filebeat 来采集数据，之后通过 Logstash 管道传输给 Elasticsearch。

ELK 架构与 TICK 架构、TIG 架构和 PG 架构的相似之处在于各个角色的划分几乎相同，并且都可以采集 CPU、内存等信息，与 TICK 架构、TIG 架构和 PG 架构相比，ELK 架构更着重于采集不同类型的数据，具有更丰富的生态，不过在构建一些监控图表时，较为费时费力。TICK 架构、TIG 架构和 PG 架构的监控图表更加美观，搭建与报警也更加简便，所以业内通常采用 TICK 架构和 TIG 架构作为性能监控设计，采集 CPU、内存、硬盘等相关信息；采用 ELK 架构作为业务监控设计，采集程序日志、Nginx 日志、接口请求等相关信息。采用 TICK 架构、TIG 架构作为性能监控设计主要。采用 PG 架构采集 MySQL 相关的信息。

Zabbix 与上面的软件都不同，它是一套自我完善的监控软件，也就是说，只使用 Zabbix，也可以完成对 CPU、内存等相关信息的监控。Zabbix 是一个基于 Web 界面的提供分布式系统监视和网络监视功能的企业级的开源解决方案。Zabbix 能控各种网络参数，保证服务器系统的安全运营；并提供灵活的通知机制，以便让系统管理员快速定位并解决存在的问题。

Zabbix 由两部分组成，zabbix server 与可选组件 zabbix agent。zabbix server 可以通过 SNMP、zabbix agent、ping、端口监视等实现对远程服务器或网络状态的监控、数据收集等功能，它可以运行在 Linux、Solaris、OS X 等平台上。

Zabbix 自带图表功能，但图表并不美观，所以通常结合 Grafana 使用。

2. 全链路监控

Pinpoint 是一款全链路分析工具，提供了无侵入式的调用链监控和方法执行详情查看、应用状态信息监控等功能，与另一款开源的全链路分析工具 Zipkin 类似。与 Zipkin 相比，Pinpoint 提供了无侵入式等特性，支持的功能较为丰富，可以帮助分析系统的总体结构，以及分布式应用程序组件之间是如何进行数据互联的。

- 服务拓扑图：对整个系统中应用的调用关系进行了可视化的展示，单击某个服务节点，可以显示该节点的详细信息，比如当前节点状态、请求数量等。
- 实时活跃线程图：监控应用内活跃线程的执行情况，可以直观地了解应用的线程执行性能。
- 请求响应散点图：以时间维度进行请求计数和响应时间的展示，通过拖动图表可以选择对应的请求，查看执行的详细情况。
- 请求调用栈查看：对分布式环境中的每个请求都提供了代码维度的可见性，可以在页面中查看请求针对代码维度的执行详情，帮助查找请求的瓶颈和故障原因。
- 应用状态、机器状态检查：查看相关应用程序的其他详细信息，比如 CPU 的使用情况、内存状态、垃圾收集状态、TPS 和 JVM 信息等参数。

与 Pinpoint 类似的还有 Zorka 和 Scouter 等，不再赘述。

13.7　其他工具与架构

1. JIRA + Confluence + Crowd

JIRA 是 Atlassian 公司出品的项目与事务跟踪工具，被广泛应用于缺陷跟踪、客户服务、需求收集、流程审批、任务跟踪、项目跟踪和敏捷管理等领域。

Confluence 是一个专业的企业知识管理与协同软件，可用于构建企业 wiki。使用简单，但它强大的编辑和站点管理特性能够帮助团队成员之间进行信息共享、文档协作、集体讨论和信息推送。

GitLab 是一个利用 Ruby on Rails 开发的开源应用程序，可以实现一个自托管的 Git 项目仓库，从而通过 Web 界面访问公开的项目或者私人项目。

通过 JIRA + Confluence + Crowd 可以构建一套业内管理系统，监控并辅助程序员提交代码、提交需求、跟踪 Bug 和整理相关文档等。

2. 高性能跨语言虚拟机 GraalVM

GraalVM 是一个高性能运行虚拟机，GraalVM 在应用程序性能和效率方面提供了显著的改进，这对于微服务的性能来说是特别理想的。GraalVM 是为用 Java、JavaScript、C 和 C++，以及由其他动态语言或基于 LLVM 的编程语言编写的应用程序而设计的。GraalVM 消除了编程语言之间的隔离，并启用了共享运行时中的互操作性。

GraalVM 可以将 Java 代码本地化，即把 Java 代码直接编译成可运行的二进制文件，其启动速度是 jar 包的数倍，对于 String 等编码内容均有性能上的优化，特别适合微服务打包使用。

GraalVM 的目标是作为万物虚拟机般的存在，将各个语言均使用 GraalVM 进行 VM 化，例如，对于由 R、Python、JavaScript 和 Node.js 等编写的代码，同样可以编译成二进制文件。在这种情况下，所有语言都将包含 JVM 特性，都能达到"一次编译，处处运行"。

3. 桌面程序解决方案 Electron

Electron 是一个允许使用 JavaScript、HTML 和 CSS 来创建桌面应用程序的框架。这些应用程序在打包后可以在 macOS、Windows 和 Linux 操作系统上直接运行，或者通过 App Store 或微软商店等进行分发。

目前，Visual Studio Code 和 FaceBook 桌面版均是由 Electron 编写的。

4. 选举解决方案 Apache Curator

Apache Curator 是 Netflix 公司开源的一个 ZooKeeper 客户端，与 ZooKeeper 提供的原生客户端相比，Apache Curator 的抽象层次更高，简化了 ZooKeeper 客户端的开发量。

5. CPU-Z 与 CPU-G

CPU-Z 是 Windows 系统下的 CPU 测试软件，可以探测 CPU 的核心频率、倍频指数、探测处理器的核心电压、探测处理器支持的指令集和探测主板部分信息，包括 BIOS 种类、芯片组类型、内存容量和 AGP 接口信息等。

CPU-G 是 CPU-Z 的 Linux 版本。利用 CPU-G 可以了解 CPU、主板、内存等方面的硬件信息。CPU-G 是由 Python 语言编写的。

6. AIDA64

AIDA64 是一个为家庭用户精简的系统诊断和基准测试软件。AIDA64 的特点是使用范围广。它可以用来评估处理器、系统内存和磁盘驱动器的性能。AIDA64 兼容所有的 32 位和 64 位 Windows 操作系统，包括 Windows 7 和 Windows Server 2008 R2。

7. AS SSD Benchmark

AS SSD Benchmark 是一个位于 Windows 系统下的 SSD 固态硬盘基准测试程序，它可以测试固态硬盘持续读写等性能，以用来揭示 SSD 固态硬盘潜在的隐患。

8. Fiddler——App 的弱网测试

弱网测试通常指对 App 处于网络不稳定或网络薄弱状态下的响应情况进行的测试。弱网测试通常分为两种：

- 当有大量用户在弱网环境中时，是否会影响当前服务器的运行。以在 WebSocket 协议下主动推送数据的场景为例，若大量弱网用户同时并发连接服务端的 WebSocket，并且 WebSocket 不断给予数据，此时由于弱网用户读取速度过慢，导致服务器内存无法直接释放，进而导致服务器端的内存溢出和服务器宕机。在这种情况下，需要调整 Java 程序，达到当写入或读取过慢时，拒绝服务的业务逻辑，以保证 App 的正常运行。
- 当用户自身在弱网环境中时，使用体验是否过差，即是否能够打开 App，并且使用 APP 内部的一些基础功能。例如，云音乐类软件是否可以正常聆听缓存中的音乐，若此时播放曲目没有缓存，是否可以切换到已缓存的曲目。

为了保证测试的真实性与便捷性，弱网测试不便于让测试人员在电梯井或郊区进行测试，通常使用代理的方式，调整测试 App 获取网络流量的速度，达到弱网测试的目的。

Fiddler 是位于客户端和服务器端之间的代理，也是目前最常用的抓包工具之一。Fiddler 能够记录客户端和服务器之间的所有请求，可以针对特定的请求，分析请求数据、设置断点、调试 Web 应用、修改请求的数据，甚至可以修改服务器返回的数据。

在安装 Fiddler 之后，先用数据线把手机与电脑连接起来，再进行代理的相关设置，便可以使用 Fiddler 进行代理，控制手机的抓包与流量了。

9. PerfDog——App 的耗电测试

耗电测试通常指对 App 的耗电情况进行的测试，其中，需要测试某些接口是否耗电过多、程序使用持续时间等。PerfDog 是腾讯推出的一款性能测试工具，它可以对移动平台上的所有应用程序（如游戏、App 应用、浏览器、小程序、小游戏、H5、后台系统进程等）、Android 模拟器和云真机等进行性能测试。支持 App 多进程测试（如 Android 多子进程及 iOS 扩展进程 App Extension）。

10. Selenium——Web 的兼容测试

Selenium 的主要功能包括：（1）测试与浏览器的兼容性，即测试你的应用程序是否能够很好地工作在不同的浏览器和操作系统之上；（2）测试系统功能，即创建回归测试，检验软件功能和用户需求。

Selenium 会模拟真实用户在 Chrome 浏览器、Firefox 浏览器和 IE 浏览器等不同浏览器上进行操作。

11. 代码检查工具和代码规范工具

代码检查工具通常指可以查找到 Java 代码中隐藏 Bug 的工具，代码规范工具通常指可以规范 Java 代码的工具。

- Checkstyle 是一款代码规范工具，可以帮助 Java 开发人员遵守某些编码规范，能够自动化检查代码规范。它可以检查空格、修饰符、体积大小、命名约定、注释、标题、import 语句等相关内容。
- FindBugs 是一个能静态分析源代码中可能会出现 Bug 的 Eclipse 插件工具。它可以检查类或者 jar 包，将字节码与一组缺陷模式进行对比，以发现可能的问题。有了静态分析工具之后，就可以在不实际运行程序的情况下对软件进行分析了。

- PMD 是采用 BSD 协议发布的 Java 程序代码检查工具，它可以检查 Java 代码中是否包含未使用的变量、空的抓取块，以及不必要的对象等。

12. 高性能队列——Disruptor

Disruptor 是英国外汇交易公司 LMAX 开发的一个高性能队列。此性能队列基于 JVM 内存，使用方式类似 JUC 包中的 Queue。目前，包括 Apache Storm、Camel 和 Log4j 2 在内的很多知名项目都应用了 Disruptor，以获取高性能。